反応名	発表された年	発見者により最初に発表された論文
Wohl-Ziegler 反応	1919	*Ber.* **1919**, *52*, 51.
Schmidt 転位	1923	*Angew. Chem.* **1923**, *36*, 511.
Meerwein-Ponndorf 還元	1925	*Ann.* **1925**, *444*, 221.
Vilsmeyer-Haack 反応	1927	*Ber.* **1927**, *60*, 119.
Diels-Alder 反応	1928	*Ann.* **1928**, *460*, 98.
Stevens 転位	1928	*J. Chem. Soc.* **1928**, 3193.
Arndt-Eistert 合成	1935	*Ber.* **1935**, *68*, 200.
Robinson 環化反応	1935	*J. Chem. Soc.* **1935**, 1285.
Cope 転位	1940	*J. Am. Chem. Soc.* **1940**, *62*, 441.
Nazarov 反応	1942	*Bull. Acad. Sci. (USSR)* **1942**, 200.
Birch 還元	1944	*J. Chem. Soc.* **1944**, 430.
Jones 酸化	1946	*J. Chem. Soc.* **1946**, 39.
Ritter 反応	1948	*J. Am. Chem. Soc.* **1948**, *70*, 4045.
Stork エナミン合成	1954	*J. Am. Chem. Soc.* **1954**, *76*, 2029.
Wittig 反応	1954	*Ber.* **1954**, *87*, 1318.
Brown ヒドロホウ素化	1958	*J. Am. Chem. Soc.* **1958**, *80*, 1552.
Simmons-Smith 反応	1958	*J. Am. Chem. Soc.* **1958**, *80*, 5323.
Horner-Wadsworth-Emmons 反応	1959	*Chem. Ber.* **1959**, *92*, 2499.
Wacker 酸化	1959	*Angew. Chem.* **1959**, *1*, 176.
Mitsunobu（光延）反応	1967	*Bull. Chem. Soc. Jpn.* **1967**, *40*, 2380.
Heck 反応	1968	*J. Am. Chem. Soc.* **1968**, *90*, 5518.
Peterson 反応	1968	*J. Org. Chem.* **1968**, *33*, 780.
Baylis-Hillman 反応	1972	Ger. Pat. 2. 155, 113.
Corey-Kim 酸化	1972	*J. Am. Chem. Soc.* **1972**, *94*, 7586.
Mukaiyama（向山）アルドール反応	1973	*Chem. Lett.* **1973**, 1011.
Sonogashira（薗頭）クロスカップリング	1975	*Tetrahedron Lett.* **1975**, 4467.
Hosomi-Sakurai（細見−櫻井）アリル化反応	1976	*Tetrahedron Lett.* **1976**, 1295.
Negishi（根岸）クロスカップリング	1976	*J. Chem. Soc. Chem. Commun.* **1976**, 596.
Swern 酸化	1976	*J. Org. Chem.* **1976**, *41*, 3329.
Suzuki-Miyaura（鈴木−宮浦）カップリング	1979	*Tetrahedron Lett.* **1979**, *36*, 3437.
Katsuki（香月）-Sharpless 不斉エポキシ化	1980	*J. Am. Chem. Soc.* **1980**, *102*, 5974.
Noyori（野依）不斉水素化	1986	*J. Am. Chem. Soc.* **1986**, *108*, 7117.

参考文献：Jie Jack Li, Name Reactions, 4th expanded ed. Springer-Verlag Berlin Heidelberg, 2009.

電子の動きと分子軌道による
有機化学反応の解釈
Understanding of Organic Reaction Mechanisms by Organic Electron
Theory and Molecular Orbitals

本吉谷 二郎 著

三共出版

まえがき

　有機化学では非常にたくさんの反応があり，特に発見者の名前のついた人名反応や，反応に関わる化合物名に由来する名称が付けられたものが多い。これらの反応の多くは電子の動きで説明される。「有機電子論」と呼ばれる記述法である。電子の動きの基本原理を理解して「有機電子論」に慣れると多様な有機反応を解釈し，定型化できる。その意味で有機化学の反応解釈は，定理を駆使して解く数学の問題解決法と似ているかもしれない。ところが，大学で有機化学を学ぶ学生諸君はこの電子の動かし方の基本原理を理解せずにそのまま講義が進んでしまって，結局，有機化学は暗記ものとして終わってしまっている場合が少なくないように思われる。本書の第1部は，有機反応の基本原理や電子の動きを自在に扱えないために足踏みしてしまった人にとって役立つと思う。はじめの部分は退屈な原理の確認，繰り返しかもしれないが，徐々に理解が進むと有機化学が面白くなるに違いない。

　一方で，「有機電子論」では説明ができず，「分子軌道」を用いて解釈すべき一連の反応がある。その代表は，有機化学反応のなかでも極めて大事なDiels-Alder反応である。この反応の解釈には，1981年に日本人としてはじめてノーベル化学賞を受賞された福井謙一博士のフロンティア軌道理論が欠かせない。有機化学の教科書では必ずDiels-Alder反応を扱うが，分子軌道自体の説明には殆ど触れないか，あるいは分子軌道がいきなり出て来て解説が始まっている。量子化学をある程度理解していないとこれらの分子軌道は一体どこから来てどのような意味をもつのかもわからないまま話が進んでしまうことになる。これらの分子軌道の導出は，有機化学の範疇を越えるので有機化学の教科書では扱わない。したがって，分子軌道の導出に必要なπ電子系Hückel法，さらには，そのもととなるSchrödinger波動方程式も有機化学の教科書で扱えないのは当然のことである。しかしながら，有機化学と量子化学，すなわち実験と理論とが見事に調和しているこの部分についてその奥義を理解しないでいることはもったいないことと思う。本書では，思い切ってSchrödinger波動方程式の導出から始め，π電子系Hückel法によるエチレンおよび鎖状共役ポリエンの分子軌道を求める数学的過程を詳述した。用いる数学は偏微分等を除いてほぼ高校数学の範囲内にある。これらの分子軌道を理解したその勢いで芳香族性に関するHückelの$(4n+2)$則についても分子軌道からの解釈を記述した。

　本書でこれらの基礎を克服した諸君は，さらに豊かな有機化学の世界の理解へと向かって欲しいと思う。なお，本書の原稿を通読して数多くの助言をしていただいた信州大学繊維学部化学・材料系応用化学課程の藤本哲也准教授および野村泰志准教授に感謝したい。最後に，本書を出版する機会を与えてくださった三共出版株式会社の秀島功氏に厚くお礼申し上げる。

2016年1月　　　　　　　　　　　　　　　　　　　　　　　　　　　　　　　　　　　　著　者

目　　次

第 I 部　電子の動きで解釈する有機反応

1　化合物のルイス式 ·· 2
　1-1　共有結合の形成とルイス式：電子のつじつま合わせ ············ 2
　1-2　形式電荷 ·· 5
　1-3　複雑な化合物とイオンのルイス式 ··································· 8
　1-4　有機化合物のルイス式 ··· 14
　1-5　共鳴という現象 ··· 15

2　曲がった矢印を使った反応機構の書き方 ································ 18
　2-1　電子の動きの表記法 ·· 18
　2-2　共鳴構造の表し方：極限構造式を電子の動きで関係づける ····· 19
　2-3　結合の生成と開裂 ·· 23
　　　コラム 1　ラジカルの発見　27

3　有機電子論による反応機構の表現 ··· 30
　3-1　結合の分極 ·· 30
　3-2　脂肪族求核置換反応 ·· 31
　3-3　アルケンへの求電子付加反応 ······································· 35
　　　Markovikov 則　36／過酸化物効果　37／ブロモニウムイオンの生成と立体化学　38
　　　コラム 2　植物と動物がつくる化学物質の構造：
　　　　　　　　テルペン類とステロイド　40
　3-4　芳香族求電子置換反応 ··· 43
　3-5　脱離反応 ·· 45
　3-6　アルデヒド，ケトンへの求核付加反応 ···························· 49
　　　Grignarad 試薬の求核付加　50／シアン化物イオンの求核付加　51／アセタール，ケタールの生成　51／イミンおよびエナミンの生成　53／Wittig 反応　55／アルドール反応　56

v

3-7 カルボン酸誘導体の求核アシル置換反応 …………………………59
   エステル化反応　59／エステルの加水分解　60／エステルの加水分解において sp^3 中間体を経由することの証明　61／エステル縮合（Claisen 縮合）　63

3-8 転位反応 ………………………………………………………………65
   ピナコール転位　65／その他のカルボカチオンの転位　66／Beckmann 転位　68／Hofmann 転位と Curtius 転位　70

   コラム 3　非古典的カルボカチオン　72

第 II 部　分子軌道で解釈する有機反応

1 Schrödinger 波動方程式の導出 …………………………………………76
   1-1 正弦波の関数から古典的波動方程式の導出 ………………………76
   1-2 古典的波動方程式に物質波の概念を導入して Schrödinger の波動方程式を導く ………………………………………………77

2 π 分子軌道による有機化合物の性質と反応の解釈 ……………………80
   2-1 π 電子系 Hückel 分子軌道法によるエチレンの π 分子軌道とエネルギー ……………………………………………………80
   2-2 鎖状共役ポリエンの π 分子軌道：一般式の導出と π 分子軌道 ………………………………………84
   2-3 共役ジエンの共鳴エネルギー ……………………………………92
      コラム 4　Hückel π 分子軌道エネルギーと吸収スペクトル　94
   2-4 Diels-Alder 反応：フロンティア軌道理論および軌道相関図の作成とその解釈（軌道対称性の保存） …………………94
   2-5 オレフィンの光二量化によるシクロブタンの生成：光反応で進行する理由 ……………………………………103
      フロンティア軌道理論による解釈　104／軌道相関図の作成とその解釈：軌道対称性の保存　104
   2-6 鎖状共役ポリエンの電子環状反応：Woodward-Hoffmann 則の森の中へ ……………………………108
      コラム 5　化学発光と生物発光：ホタルの発光を電子の動きで解釈する　112

3　環状共役ポリエンのπ分子軌道と芳香族性：
　　Hückel$(4n+2)$則 ·· 115
　　　コラム6　芳香族化合物：アヌレン　123

あとがき ·· 124
参考図書 ·· 125
索　引 ·· 126

第Ⅰ部

電子の動きで解釈する有機反応

1 化合物のルイス式

1-1 共有結合の形成とルイス式：電子のつじつま合わせ

2つの水素原子から水素分子が形成されることから始めよう。水素原子そのものは通常の環境では非常に不安定で，2つの水素原子が電子を共有して水素分子を形成する*。水素分子が生成する様子は下の式のように元素記号に電子を・で示した Lewis（ルイス）式で表すことができる。

$$H\cdot + H\cdot \longrightarrow H:H$$

水素分子中の2つの電子は2つの水素原子に共有され，2つの水素原子を結びつけている。すなわち，**共有結合**を形成している。水素分子中ではこれらの2つ電子がどちらの水素原子のものかは区別できないが，いま2つの電子をあえて区別して，白い点で示した一方の電子が左の水素原子に所属し，黒い点で示した一方の電子が右の水素原子に所属していると考えてみよう。

$$H\circ\bullet H$$

そうすると，2つの電子はそれぞれが一方の水素原子に帰属され，水素原子核の陽子と電子の電荷が相殺され，水素分子全体としては電荷をもたない中性の分子となる。2つの電子は水素原子付近にあるが，どこに存在するかは正確に知ることはできない。詳しくは量子化学での議論となる。しかしながら，有機反応を解釈するためには有機化合物中の電子をあたかも特定の原子に所属しているように考えて，その動きを追っていくと便利である。

水素分子の話のつぎに，有機化合物で最も分子量の小さな分子，メタンについて考える。炭素原子の原子番号は6で，その電子配置は $(1s)^2(2s)^2(2p)^2$ である。1s 軌道は K 殻に相当し，この内側にある2つの電子は化学結合には関与しない。メタン分子の4つの水素原子は等価であり，区別できないので，4つの水素原子と結合するためにはエネルギー

---

* 2つの水素原子が電子を共有して水素分子になるとなぜ安定化するのか，という問にこたえることは容易ではない。大ざっぱにいえば，それぞれの電子が2つの水素原子核に共有されるので，両方の陽子との静電気相互作用により安定化されるといえる。逆に原子核の陽子の立場からすると，それぞれの電子を2つの陽子が同時に静電気的に引きつけるために2つの原子は一定の距離内にいなければならないので結びつけられているといえる。より定量的な説明は，1964年に報告された Heitler-London による量子力学に基づく理論によらなければならない。彼らは，Schrödinger の波動方程式を水素分子に適用し，2つの水素原子が一定距離にあるときそのエネルギーが極小値をもつことを示し，独立に2つの水素原子が存在するよりも安定化することを示した。その理論によると，水素原子間距離は 0.863 Å，結合エネルギーは 3.14 eV と計算された（実際の水素分子の結合距離は 0.7417 Å，結合エネルギーは 4.74 eV）。この研究によって，共有結合により安定な分子がつくられることが初めて理論的に説明された。

準位が同じ炭素上の4つの軌道が存在しなければならない。ここで，**混成軌道**の考え方が必要となる。炭素原子のL殻にあたる2sおよび2p軌道の4つの**最外殻電子（価電子）**は，4つの同じエネルギー準位の軌道からなる混成軌道に分散し，等価な4つの軌道にそれぞれ1つずつの電子が存在する状況がつくられる。ここに，4つの水素原子がそれぞれ1つずつの電子を混成軌道に提供して共有結合をつくればメタン分子ができる。炭素原子では，1つの2s軌道と3つの2p軌道を使って4つのσ結合を形成したのでsp³混成軌道となる。

メタンの sp³混成軌道

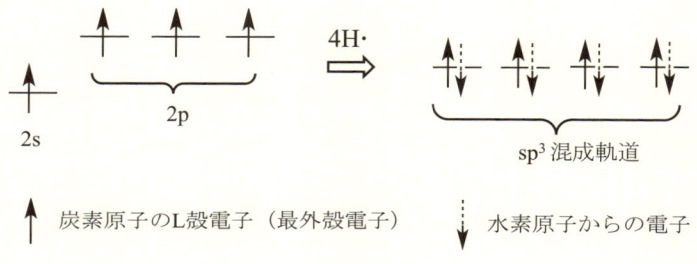

この様子をルイス式で表すならば以下のように書くことができる。ただし，水素原子の電子に帰属される電子は白い点で区別しておく。

・C・ + 4○H ⟶ H:C:H
                   ..
                   H

炭素原子の2つの1s電子はこれらの化学結合に関与しないので表記されていない。メタンが電気的に中性の分子であることは，メタン分子中の電子の所属を考えれば理解できる。つまり，炭素原子の価電子数は4であり，メタン分子中の炭素原子に帰属される電子数と同じなので電気的に中性となっている。4つの水素原子についても，それぞれの水素原子には1つずつの電子が帰属されるので電気的に中性となる。したがってメタン分子中のいずれの原子も電気的に中性であり，分子全体も電荷を持たない。メタン分子ではこのように炭素原子に4つの等価な水素原子が結合しており，**原子価殻電子対反発**（VSEPR：valence shell electron-pair repulsion）によって，4つの炭素-水素結合が3次元的に最も離れた方向に拡がる。したがって，正四面体の頂点方向に4つの水素原子が存在する形となって，結合角は109.5°となる。この形はsp³混成軌道に特徴的なものである。

有機化合物ではないが，アンモニア分子の形成についても同じように

軌道に収容される電子数

K殻のKはドイツ語のKern（核）の頭文字を取ったもので，原子核に最も近いことに由来している。K殻には電子が2個，L殻には8個，M殻には18個というように$2n^2$個の電子が入ることはすでに知っている。ではなぜ$2n^2$なのか考えてみよう。

K殻には1s軌道のみで2個しか電子を収容できない。L殻には2sと2p軌道があるが，2p軌道は亜鈴型で，x, y, z方向に3種類があり，これらを$2p_x, 2p_y, 2p_z$とする。ひとつの軌道には2個ずつの電子が収容されるのでL殻では，4つの軌道に合計8個までの電子が収容できる。つぎに，M殻では，3s, 3pに加えて3d軌道があり，3d軌道には様々な形の5種類の軌道が存在する。これらの軌道の数や形は量子力学によって決められたものである。すると，M殻では$1×2+3×2+5×2=18$で18個までの電子が収容できる。さらにN殻では4f軌道があり，4f軌道では7種類の軌道が存在する。s, p, d, fとなるにつれて軌道の数が1, 3, 5, 7のように奇数で増えてゆく。そこで，n番目の殻の電子数を級数で表せば以下のように$2n^2$となる。

$2×1+2×3+2×5+2×7+\cdots$
$\quad +2×(2n-1)$
$\quad =2×\{1+3+5+7+\cdots+$
$\quad\quad (2n-1)\}$
$\quad =\sum_{k=1}^{n}(2k-1)=2n^2$

それぞれの殻に存在する軌道の数や形は量子化学の展開における3種の量子数が関係する。

第I部 電子の動きで解釈する有機反応

炭素化合物の正四面体構造

有機化合物中の炭素原子が正四面体構造をもつことは, 1874年に van't Hoff によって初めて提唱された。これは, パスツールの酒石酸の光学分割における光学異性体の存在を説明するために考えられたものである。約100年後の1927年に量子論に基づき混成軌道によって正四面体構造になることを理論的に説明したのは Linus Pauling である。彼は, 4価の炭素原子に対して, 2s軌道と3つの2p軌道を数学的に混成させることにより, 空間的に互いに最も離れた4つの等価な軌道をもつ炭素原子の sp³ 混成軌道を正四面体構造として示した。各軌道には電子が収容されているので, 電気的な反発により互いになるべく遠ざかるほうが安定である。これを原子価殻電子対反発 (VSEPR) といい, 分子の3次元的構造を説明することができる。VSEPR によって, sp² 混成軌道および sp 混成軌道を有するエチレン, アセチレン分子が, それぞれ, 平面構造, 直線構造であることが説明できる。

考えてみよう。原子番号7の窒素原子の電子配置は $(1s)^2(2s)^2(2p)^3$ で, 炭素の場合と同じように sp³ 混成軌道を考える。

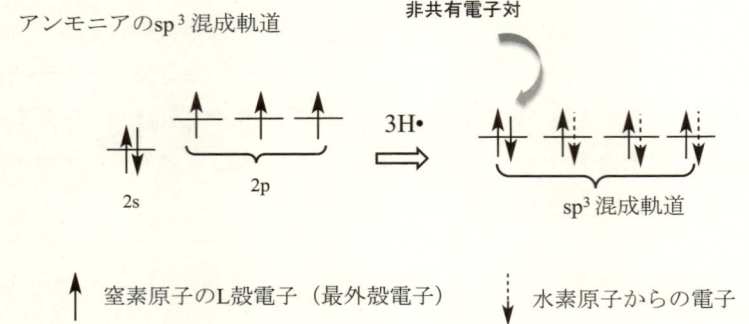

このようにすると, 窒素原子の sp³ 混成軌道のうち, 1つの軌道はすでに2つの電子で満たされて**非共有電子対**となり, 残りの3つの sp³ 混成軌道を使って3つの水素原子と結合が可能になる。以下に示したように, アンモニア分子においては, 窒素原子は黒い点で示した5つの電子を所有しており, 水素原子はそれぞれ白い点で示した1つの電子を持っているので全体として電気的に中性分子となっている。結合していない2つの電子は非共有電子対 (あるいは孤立電子対やローンペアとも呼ばれる) で, アンモニアの塩基性を示す原因となっている。

$$\ddot{\cdot}\text{N}\cdot \;+\; 3\circ\text{H} \longrightarrow \text{H}\overset{\cdot\cdot}{\underset{\underset{\ddot{\text{H}}}{\cdot}}{\text{N}}}\text{H}$$

アンモニア分子では水素-窒素-水素結合の結合角 ∠H-N-H は, 典型的な sp³ の結合角である 109.5° よりもやや小さく 107° である。これは, 非共有電子対との反発により, 3つの窒素-水素結合間の結合角がやや狭められているからである。

ついでに水分子についても考えてみよう。酸素原子にも sp³ 混成軌道を適用して水素原子2つと結合させると以下のように2つの非共有電子対をもつ水分子ができる。なお, 水分子の結合角 ∠H-O-H は 105.5° で, sp³ 混成軌道から予想される 109.5° よりもだいぶ小さくなっているが, 2つの非共有電子対と O-H 間の共有結合電子対との反発によるものである。

$$\text{H}\overset{\cdot\cdot}{\underset{\cdot\cdot}{\text{O}}}\text{H}$$

ここまで, 水素分子, メタン, アンモニア, および水の分子が形成される過程を示した。水素原子が所有する原子を白い点で示したが, ルイ

ス式では共有結合電子および非共有電子対をすべて黒い点で示して以下のように書く。その下には結合線で示した構造式を示す。非共有電子対は反応に関与する場合が多いので，反応機構を書く際には書いておくことが多い。

$$H:H \qquad H:\overset{H}{\underset{H}{\overset{..}{C}}}:H \qquad H:\overset{..}{\underset{H}{N}}:H \qquad H:\overset{..}{\underset{..}{O}}:H$$

$$H—H \qquad H—\overset{H}{\underset{H}{\overset{|}{C}}}—H \qquad H—\overset{..}{\underset{H}{N}}—H \qquad H—\overset{..}{\underset{..}{O}}—H$$

ここで，分子中の水素原子はいずれも共有結合によりその回りに 2 個の電子が存在することになるので He 型の電子配置をもつことになり，安定化する。また，炭素，窒素，酸素の各原子のまわりには 8 個の電子が存在し，Ne 型の電子配置をもつ。このことを，**オクテット**を形成するという。このことと共有結合電子対の電子を結合している 2 つの原子で分け合って，たとえば，炭素原子ではこれに帰属する電子は 4 個，あるいは窒素原子では 5 個であると言うことを区別して欲しい。

1-2 形式電荷

すでに述べたが，結合に関与する最外殻電子数のことを**価電子**といい，典型元素では周期律表における族の順番と一致する。ルイス式で示されるそれぞれの共有結合電子対では，結合している 2 つの原子で半分ずつ分け合うと考えると，これまでみてきた分子では，各原子に帰属される電子数は価電子数に等しい。すなわち，メタン，アンモニア，水の各分子で，炭素，窒素，酸素の各原子に帰属される電子はそれぞれ，4 個，5 個，6 個である。したがって，それぞれの分子中の原子は価電子数とその原子に帰属される電子数が一致するので電荷は 0 で，生成する分子も電荷を持たない。

ここで，よく知られたアンモニアが水素イオン（プロトン）と反応してアンモニウムイオンを形成する場合を考える。

$$NH_3 + H^+ \longrightarrow NH_4^+$$

これをルイス式で表せば

$$\text{H:}\overset{..}{\underset{H}{N}}\text{:H} + \text{H}^+ \longrightarrow \text{H:}\overset{H}{\underset{H}{\overset{+}{N}}}\text{:H}$$

となる。この式で注目すべきは、アンモニア分子の窒素原子上にあった非共有電子対（黒い点）が、プロトンとの共有結合に使用されたために、アンモニウムイオンではそのうちの1つが水素原子に帰属となって白い点になったことである。アンモニウムイオンの4つの水素原子はすべて等価で区別できないので、プロトンが結合して新しく生成した共有結合電子対も等しく窒素原子と水素原子で分け合うことになる。すると、窒素原子に帰属される黒い・で示した電子は4つとなり、窒素原子の価電子数の5に1つ足りない。したがって、アンモニウムイオンの窒素原子は+1の正電荷をもつことになる。このことを窒素原子の**形式電荷**は+1であるという。ただし、アンモニウムイオンでは全体で+1の電荷をもつが、実際には正電荷はまわりの4つの水素原子に分散しており、中心の窒素原子には集中してはいない。実際の分子では+で示した位置に必ずしも正電荷が集中していないこともあるので、形式電荷と呼ぶ理由がここにある。また、アンモニウムイオンのすべての結合角∠H-N-Hは等しいのでメタンと同じく正四面体構造となる。

では、水にプロトンが付加してオキソニウムイオンを生じる場合をみてみよう。

$$\text{H}_2\text{O} + \text{H}^+ \longrightarrow \text{H}_3\text{O}^+$$

ルイス式では

$$\text{H:}\overset{..}{\underset{..}{O}}\text{:H} + \text{H}^+ \longrightarrow \text{H:}\overset{H}{\underset{..}{\overset{+}{O}}}\text{:H}$$

となる。水分子では酸素原子に帰属される電子は6個であったのに対し、オキソニウムイオンでは5個となり、酸素原子の価電子数の6よりも1つ少ない。したがって、オキソニウムイオンの酸素原子の形式電荷は+1である。オキソニウムイオンについても、実際の分子では正電荷は周りの3つの水素原子上に分散している。

つぎに、水分子がプロトンを放ち、水酸化物イオンとプロトンが生成する場合を考えよう。水の電離である。

$$\text{H}_2\text{O} \longrightarrow \text{HO}^- + \text{H}^+$$

ルイス式で示せば

$$\text{H}\!:\!\overset{..}{\underset{..}{\text{O}}}\!:\!\text{H} \longrightarrow \text{H}\!:\!\overset{..}{\underset{..}{\text{O}}}\!:^{-} + \text{H}^{+}$$

となり，水分子の右側の水素原子がプロトンとして電子を置いていくので，もとの水分子では共有電子対であったものが水酸化物イオンの非共有電子対となって酸素原子の帰属となる．その結果，酸素原子に帰属される電子は7個となって価電子数の6よりも1つ多く，酸素原子の形式電荷は -1 となる．水酸化物イオンが -1 のイオンになるゆえんである．水酸化物イオンでは，負電荷は電気陰性な酸素原子上にあり，形式電荷の表現と一致する．

ここで形式電荷についてまとめておこう．形式電荷を考える際には共有結合をつくっている電子対は結合している2個の原子で分け合って，それぞれ，その半分ずつの所属とする．つまり，単結合であればいずれの原子もこれを形成する2個の電子のうちの1個，二重結合であれば4個の電子のうちの2個，三重結合であれば6個の電子のうちの3個ずつとなる．また，非共有電子対はいずれもその原子の所有となる．したがって，形式電荷を式で示すならば以下のようにまとめることができる．

形式電荷 ＝ (対象原子の価電子数) − (共有結合電子数)/2 − (非共有結合電子の数)

例えば，メタンでは，炭素原子の価電子数4，炭素のまわりの共有結合電子数は8なので，形式電荷$=4-8/2=0$ となる．アンモニア分子では，窒素原子の価電子数は5，共有結合電子数は6，非共有電子数は2個なので，$5-6/2-2=0$ で形式電荷をもたない．一方，アンモニウムイオンでは，共有結合電子数は8，非共有電子対はないので，$5-8/2=1$ より窒素原子の形式電荷は $+1$ となる．オキソニウムイオンの酸素原子では，酸素原子の価電子数は6，共有結合電子数は6，非共有電子は2個なので，$6-6/2-2=1$ となって $+1$ の形式電荷をもつ．水酸化物イオンでは，共有結合電子は2個，非共有電子数は6なので，$6-2/2-6=-1$ で -1 の形式電荷をもつことになる．

さらに，酸触媒存在下でのカルボニル化合物の反応で見られるカルボニル基の酸素原子にプロトンが付加する場合を考えてみよう．必要な部分をルイス式に準じた方法で書くことにする．対応する結合線による表示も併記する．

$$\overset{:\overset{..}{O}:}{\underset{|}{-C-}} \xrightarrow{H^+} \overset{:\overset{..}{O}{:}H}{\underset{|}{-C-}}^+$$

$$\lVert$$

$$\overset{:\overset{..}{O}:}{\underset{\parallel}{-C-}} \xrightarrow{H^+} \overset{:\overset{..}{O}-H}{\underset{\parallel}{-C-}}^+$$

　プロトン化カルボニルではカルボニル酸素原子にプロトンが配位したことで非共有電子対の1つが結合電子対として使われている。このとき，酸素原子の価電子は6，共有結合電子数は水素との結合が増えたので4から2だけ増えて6，非共有電子対は2であるので $6-6/2-2=1$ となって酸素原子の形式電荷は+1と計算される。不飽和結合を含んでいるが，これもオキソニウムイオンである。全体的に見れば，プロトンの+1の電荷がプロトン化カルボニルに移ってオキソニウムイオンになったと言える。

　このようなプロトンの付加や脱離によって陽イオンや陰イオンが生成する酸-塩基反応過程は有機化学反応においても極めて頻繁に遭遇する。

1-3　複雑な化合物とイオンのルイス式

　有機化学反応の反応機構を電子の動きで理解するためには，さまざまな化合物のルイス式を正確に書けることが前提になる。その前に，いくつかの無機化合物のルイス式を見ておくことは無駄ではないであろう。むしろ，なじみの深い無機化合物でも一般的な有機化合物よりも構造的に複雑なものがあり，これらを考えておくことはさまざまな化合物のルイス式を理解する上でも役に立つうえに，高校では化学式を覚えるだけでその正体があまりわからなかった無機化合物の結合様式が理解できると思う。

　さて，炭酸 H_2CO_3，硫酸 H_2SO_4，硝酸 HNO_3，およびそれらの共役塩基である炭酸イオン CO_3^{2-}，硫酸イオン SO_4^{2-} や硝酸イオン NO_3^- はどのような構造をもつのであろうか。

　まず，炭酸をルイス式で示してみる。以下のように組み立てれば炭酸のルイス式ができ上がる。分子中の水素原子の周りの電子数は2個でHe型の電子配置になっており，炭素原子および酸素原子の周りの電子数はNe型電子配置ですべて8個（オクテット）になっている。

$$H\cdot\ \cdot\ddot{O}\cdot\ \ \cdot\overset{\cdot\cdot\ddot{O}\cdot\cdot}{C}\cdot\ \ \cdot\ddot{O}\cdot\ \cdot H \Longrightarrow H:\ddot{O}:\overset{:\ddot{O}:}{C}:\ddot{O}:H \equiv H\ddot{O}-\overset{\overset{\ddot{O}}{\|}}{C}-\ddot{O}H$$

この炭酸の構造式がわかれば，炭酸イオンの構造がただちに理解できる。2つのプロトンを放って炭酸イオンが生成する過程をルイス式で示す。

$$H:\ddot{O}:\overset{:\ddot{O}:}{C}:\ddot{O}:H \longrightarrow 2H^+ + \ ^-:\ddot{O}:\overset{:\ddot{O}:}{C}:\ddot{O}:^- \equiv \ ^-:\ddot{O}-\overset{\overset{\ddot{O}}{\|}}{C}-\ddot{O}:^-$$

水酸化物イオンで見たように，両端の水素原子は電子を置いてプロトンとして出ていったので，O-H 結合をつくっていた共有電子対は酸素原子の非共有電子対として帰属されるため，水素原子と結合していた2つの酸素原子の形式電荷は−1となる。炭酸イオン CO_3^{2-} の構造が理解できたと思う。炭酸の構造がわかれば，酢酸 CH_3COOH のルイス式もすぐにわかる。炭酸の一方の OH が CH_3 に置き換わったものが酢酸である。

$$\overset{H}{\underset{H}{H\cdot\ \cdot\overset{\cdot}{C}\cdot}}\ \ \cdot\overset{:\ddot{O}:}{C}\cdot\ \ \cdot\ddot{O}\cdot\ \cdot H \Longrightarrow \overset{H}{\underset{H}{H:\overset{\cdot}{C}:}}\overset{:\ddot{O}:}{C}:\ddot{O}:H \equiv \overset{H}{\underset{H}{H-\overset{|}{C}-}}\overset{\overset{\ddot{O}}{\|}}{C}-\ddot{O}H$$

したがって，酢酸イオン CH_3COO^- は以下のように表される。

$$\overset{H}{\underset{H}{H:\overset{\cdot}{C}:}}\overset{:\ddot{O}:}{C}:\ddot{O}:H \longrightarrow H^+ + \overset{H}{\underset{H}{H:\overset{\cdot}{C}:}}\overset{:\ddot{O}:}{C}:\ddot{O}:^- \equiv \overset{H}{\underset{H}{H-\overset{|}{C}-}}\overset{\overset{\ddot{O}}{\|}}{C}-\ddot{O}:^-$$

次に，少々複雑であるが硫酸のルイス式を組み立ててみよう。硫黄原子の価電子数は6である。硫黄のまわりに4つの酸素原子を置き，水素と硫黄の電子を白い点で表す。

$$H\cdot\ \cdot\ddot{O}\cdot\ \cdot\overset{\cdot\cdot:\ddot{O}:\cdot\cdot}{\underset{\cdot\cdot:\ddot{O}:\cdot\cdot}{S}}\cdot\ \cdot\ddot{O}\cdot\ \cdot H \Longrightarrow H:\ddot{O}:\overset{:\ddot{O}:}{\underset{:\ddot{O}:}{S^{2+}}}:\ddot{O}:H \equiv H-O-\overset{\overset{O^-}{|}}{\underset{\underset{O^-}{|}}{S^{2+}}}-O-H$$

ここで，上下の酸素原子と硫黄原子との結合に注意していただきたい。硫黄−酸素結合には硫黄原子の上下の白い点で示した電子対が使われるため，これら2つの電子対のうちいずれも1つの電子は酸素原子の帰属となる。したがって，硫酸分子中の上下の2つの酸素原子に帰属される

電子数は黒の点で示した7個となり，これらの酸素原子は−1の形式電荷をもつ。また，左右にある水素と結合している2つの酸素原子については，これらに帰属される電子数はいずれも6個なので形式電荷は0である。さて，中心の硫黄原子については，上下の酸素原子との結合のために硫黄に帰属していた電子が1つずつ減ったので，白い点で示したまわりの電子は4個となって+2の形式電荷を持つことになる。結果として，硫黄原子の+2と2つの酸素原子の−1の形式電荷があるので，硫酸分子全体では相殺されて電気的に中性の分子となる。結合線構造式で示したように，結合電子対を線で，非共有結合電子対を省略し，形式電荷を示すとすっきりとした構造式になる。結合線で書かれた構造式とルイス式が直ちに結びつくようになって欲しい。

さて，この硫酸分子における結合の表現にはもうひとつの考え方がある。上記の硫酸分子における酸素原子と硫黄原子のまわりの電子はすべてオクテットを形成しているが，硫黄原子は3d軌道を使って（原子価殻拡張あるいは拡張オクテットともいう），8個以上の電子をまわりに所有することができるとする方法である。実際には3d軌道の寄与はあまりないとの議論があるが，拡張オクテットの考え方に従えば，硫黄原子と上下2つの酸素原子との結合はお互いに電子対を出し合って二重結合を形成するので，硫黄原子に帰属される電子は6個となって形式電荷は0となる。この書き方では硫黄原子のまわりの共有結合電子数は全部で12個となる。

つぎに，硫酸が2つのプロトンを放出して硫酸イオンになる過程を見てみよう。硫酸のルイス式がわかっていれば簡単である。

$$H_2SO_4 \longrightarrow 2H^+ + SO_4^{2-}$$

プロトンが出てゆくと，O−H結合の共有電子対は非共有電子対となって酸素原子に属することになるため，4つの酸素原子すべてが−1の形式電荷を持つ。したがって，硫酸イオン全体では，−2の電荷を有する

陰イオンとなる。おそらく高校化学ではその構造がわからなかった硫酸イオン SO_4^{2-} の正体が明らかになったと思う。拡張オクテットによるルイス式でも同じように SO_4^{2-} が記述できる。

$$SO_4^{2-} \equiv {}^-O-\underset{\underset{O^-}{|}}{\overset{\overset{O^-}{|}}{S^{2+}}}-O^- \quad \text{or} \quad {}^-O-\underset{\underset{O}{\|}}{\overset{\overset{O}{\|}}{S}}-O^-$$

では，硝酸 HNO_3 はどうであろうか。これも少々複雑で窒素原子のまわりに3つの酸素原子を置かなければならない。以下に示すようにルイ式を書くと，窒素原子上に +1 および酸素原子上に -1 の形式電荷があり，全体で電気的には中性の分子となっている。

$$H{:}\ddot{O}{:}\overset{\cdot\cdot}{N}{:}\ddot{O}{:} \Longrightarrow H{:}\ddot{O}{:}\overset{+}{N}{:}\ddot{O}{:} \equiv HO-\overset{+}{N}=O$$
(下に :Ö: と Ö⁻)

また，硝酸からプロトンが抜けて生じる -1 の負電荷を有する硝酸イオン NO_3^- は以下のようになる。

$$H{:}\ddot{O}{:}\overset{+}{N}{:}\ddot{O}{:} \longrightarrow H^+ + {:}\ddot{O}{:}\overset{+}{N}{:}\ddot{O}{:} \equiv {}^-O-\overset{+}{N}=O$$

さらに，様々な塩素酸化物およびそれらのイオンもルイス式で表すとその構造がよく理解できる。その中で塩素原子に最も酸素原子が多く結合している過塩素酸 $HClO_4$ およびそのイオン ClO_4^- のルイス式を見てみよう。塩素の価電子数は7であるが，そのうちの3つの電子対は3個の酸素原子との共有結合をつくり，残りの1電子も酸素原子との結合に使われる。中心の塩素原子の形式電荷は +3 で，まわりの3個の酸素原子は -1 の形式電荷をもつ。一方，プロトンを失った過塩素酸イオンは -1 価の陰イオンとなる。

硫酸イオンなどの構造

硫酸イオンをオクテット則にしたがう構造式で書けば，形式電荷 +2 の硫黄原子を中心にしてまわりに等しく負電荷を帯びた4つの酸素原子が位置する正四面体の構造式になる。一方，硫酸イオンにおいてイオウ原子の 3d 軌道が関与することを提唱したのは L. Pauling であるが，この場合，S=O 結合と S-O⁻ 結合を2つずつ含む構造となるため正四面体にはならない。硫酸イオンの実際の構造はすべての S-O 結合距離は等しくメタンと同様に正四面体構造である。S=O を含む構造式の場合，この結合が大きく分極しているため S-O⁻ 結合と区別がつかなくなっているとするとこの考え方の矛盾をなくすことができる。現在では Pauling のいう 3d 軌道の関与はそれほど大きくはないとされている。この他，炭酸イオンや硝酸イオンにおいても後に説明する共鳴構造で示されるように，負電荷はまわりの酸素原子に等しく分布しており，それぞれの中心原子と酸素原子との結合距離はすべて等しく，いずれも平面正三角形構造を有する。

第Ⅰ部　電子の動きで解釈する有機反応

塩素原子に対しても拡張オクテットの形で示すと、以下のようにいずれの原子も形式電荷を持たない形で過塩素酸を示すことができる。その過塩素酸イオンのルイス式も書いておく。

過塩素酸の構造がわかったので、他の塩素のオキソ酸である塩素酸 $HClO_3$、亜塩素酸 $HClO_2$、次亜塩素酸 $HClO$ は過塩素酸のルイス式から酸素原子を1つずつ減らして行けばそれぞれ対応するルイス式が書ける。これらの塩素のオキソ酸はいずれも -1 の電荷をもつ負イオンを生じることも容易に理解できるであろう。また、ルイス式が書けると、例えば次亜塩素酸 $HClO$ が塩素陽イオンと水酸化物イオンに解離して、酸化力の強い求電子種である塩素陽イオンが生成することがわかる。

塩素陽イオンは酸化剤として他の化合物から1電子を受け取り塩素原子となるが、直ちにもう1つの塩素原子と反応して塩素分子になる。

さらに踏み込んでみよう。過マンガン酸カリウム $KMnO_4$ と二クロム酸カリウム $K_2Cr_2O_7$ のルイス式について述べる。マンガンの電子配置は $[Ar]3d^54s^2$ で、最外殻電子数は2である。ところが、マンガンでは結合に関わる電子を 3d の5個と 4s の2個で計7個として、あたかもマンガンの価電子数が7であるように扱うとその化合物の構造が理解できる。マンガンの7個の電子を白い点で示して、過マンガン酸カリウムを以下のようにルイス式で書ければ、カリウム原子が K^+ として放出されて過マンガン酸イオン MnO_4^- となることがわかる。

マンガンの電子配置

第3周期以降の原子の電子配置において、軌道のエネルギー準位が順番通りではない。たとえば 3d 軌道よりも 4s 軌道のほうがエネルギー準位は低くなるため、電子が収容される順は……3s → 3p → 4s → 3d → 4p……となる。原子番号 25 のマンガンでは N 殻の 4s に2つ電子が収容された後に内側の M 殻の 3d に5個の電子が入る。したがって、電子配置は $1s^22s^22p^63s^23p^63d^54s^2$ あるいはアルゴンまでの電子配置をまとめて書くと $[Ar]3d^54s^2$ となる。

1 化合物のルイス式

(ルイス式: O=Mn-OK with additional O double bonds)

さて，マンガンが関わる酸化で，以下のような式があったのを覚えていると思う。これは酸化反応を電子のやり取りのみで示したもので半反応式という。

$$\text{MnO}_4^- + 8\text{H}^+ + 5e^- \longrightarrow \text{Mn}^{2+} + 4\text{H}_2\text{O}$$

これをルイス式で表してみよう。

(ルイス式表記) $+ 8\text{H}^+ + 5e^- \longrightarrow :\text{Mn}:^{2+} + 4\ \text{H}:\ddot{\text{O}}:\text{H}$

この反応を便宜上，次のように考えると理解しやすい。過マンガン酸イオンにある4つの酸素原子はすべて水分子をつくるために使われ，その際に各酸素原子のまわりの電子8個ずつを使用して8個のプロトンと結合し，水4分子をつくる。これでマンガンはまわりのすべての電子を失ったことになるが，新たに5個の電子を得ることにより2価のマンガンイオンとなる。つまり電子の数合わせでこの半反応式が理解できる。

ではもうひとつ，二クロム酸カリウムについて考えてみる。クロムの電子配置は[Ar]3d⁵4s¹で，価電子数は1である。ここでもクロムの結合に関わる電子を3dの5個と4sの1個の計6個とすると，二クロム酸カリウムのルイス式は以下の通りになる。このルイス式から二クロム酸イオンが−2の電荷をもつ負イオン，$\text{Cr}_2\text{O}_7^{2-}$ となることがわかる。

> **クロムの電子配置**
> 原子番号24のクロムはマンガンの1つ前の元素であるが，その電子配置は4sに2個，3dに4個ではなく，4sに1個，3dに5個になる。これは3dには5個の軌道があるので5個の軌道全部に電子が1個ずつ収容される状態がより安定となるからである。したがって，クロムの電子配置は$[\text{Ar}]3d^54s^1$となる。

(ルイス式: KO-Cr-O-Cr-OK with O double bonds)

二クロム酸イオンの半反応式についても同様に解釈できる。

$$\text{Cr}_2\text{O}_7^{2-} + 14\text{H}^+ + 6e^- \longrightarrow 2\text{Cr}^{3+} + 7\text{H}_2\text{O}$$

すなわち，二クロム酸イオンの7個のすべての酸素原子が水分子を形成するために14個のプロトンと結合する。その際に，クロム原子のまわりの電子すべてが使われるとする。その後，1個のクロム原子につき3個の電子を受け取って3価のクロムイオンが残る。2個のクロムイオ

第I部　電子の動きで解釈する有機反応

ンでは計6個の電子が必要となる。このような考え方はあくまでも電子数の辻褄合わせであるが，ルイス式が書けると複雑な反応の理解の助けになる。

1-4　有機化合物のルイス式

有機化学反応においても反応の前後で必ず電子数の辻褄があっていなければならないが，そのためにはまず有機化合物のルイス式を正しく書けることが必要である。有機化合物のルイス式はこれまで見てきた複雑な無機化合物やそのイオンよりも簡単である。いくつかの代表的な有機化合物のルイス式を見てみよう。以下，エタン，エチレン（エテン），アセチレン（エチン），エタノール，酢酸エチル，アセトアミド，アセトニトリルのルイス式および結合線で示した構造式である。

これらの有機化合物中の酸素原子は2対の非共有電子対をもち，窒素原子は1対の非共有電子対を持つことを覚えておいて欲しい。このように有機化合物をルイス式を使ってすべての結合を電子対で書くのは大変に面倒であるので，共有結合は線で示し，反応機構を考えるのに必要な

非共有電子対を示すだけに留めるのが普通である。さらに反応に関らないアルキル基などは CH_3，CH_3CH_2 などの短縮型で示すことが多い。

また，有機化学反応において頻繁に出てくる炭素化学種のうち，炭素陽イオン（カルボカチオン），炭素陰イオン（カルボアニオン），および炭素ラジカルについて書いておく。ここでのRは水素原子やアルキル基などである。これらの炭素原子の混成軌道はそれぞれ順に，sp^2，sp^3，sp^2 である。形式電荷を確認しておいて欲しい。

$$R:\overset{R}{\underset{}{C}}{}^{+} \equiv R-\overset{R}{\underset{R}{C}}{}^{+} \quad R:\overset{R}{\underset{}{C}}{:}^{-} \equiv R-\overset{R}{\underset{R}{C}}{:}^{-} \quad R:\overset{R}{\underset{}{C}}{\cdot} \equiv R-\overset{R}{\underset{R}{C}}{\cdot}$$

1-5　共鳴という現象

ある分子において，その分子中の電子が1つの原子上にとどまらずに広い範囲に非局在化することがある。不飽和結合が共役系を形成する場合や，非共有電子対，ラジカル，カチオンが不飽和結合に隣接する化合物に見られる現象である。このような分子の状況を複数の構造式によって表現するのが**共鳴**の考え方である。

まず，ギ酸の構造について考えてみよう。ギ酸では2つの酸素原子のうち，一方は炭素原子と二重結合を形成しており，他方は単結合なので，これら二種の炭素-酸素結合の結合距離は異なるはずである。実際の分子においても，C=O 結合距離が 1.20Å で C-O 結合の結合距離 1.34Å よりも短くなっている。ところが，ギ酸ナトリウムでは2つの C-O 結合距離の実測値は等しく，二重結合と単結合との中間の 1.27Å となっている。したがって，2つの炭素-酸素結合は二重結合でもなく，単結合でもない中間の結合次数をもつとするのが妥当である。つまり，ギ酸イオンを現実に即した構造式で書くならば，次図の **A** に示される C=O 結合と C-O 結合で示される構造ではなく，単結合に点線を加えて二重結合と単結合の中間の状態を示した **B** のように表現すべきである。しかしながら，通常はこのことを知った上でギ酸ナトリウムの構造式を **A** のように書く。

酸素原子と窒素原子の非共有電子対

酸素原子および窒素原子の非共有電子対は有機化学反応の起点となる場合が多い。その多くはプロトン等の求電子体と作用するルイス塩基となる。アルコールの脱水やカルボニル化合物の酸触媒による反応は，酸素原子の非共有電子対へのプロトン付加によって始まり，また，アミンの塩基性は窒素原子上の非共有電子対のプロトン受容能が高いことに由来する。

カルボアニオンの混成軌道

アンモニアと等電子的な構造をもつカルボアニオンの混成軌道は通常 sp^3 とするが，二重結合や三重結合が隣接すると，アニオンの電子対が不飽和結合のπ電子系と相互作用して非局在化し，後に述べる共鳴構造になる。このような場合のカルボアニオンの炭素は sp^2 混成で，混成に関らずに残った1つのp軌道に2つの電子対が入った状態を考える。

つぎに，ベンゼンの構造式を考えてみよう。よく知られたベンゼンの構造式では「亀の甲」**C**のように二重結合と単結合が交互になっているので，この構造式にしたがって単純に考えれば辺の長さが異なる六角形になるはずであるが，実際のベンゼン分子ではすべての炭素–炭素結合距離が等しい正六角形であることがわかっている。したがって，ベンゼン分子の結合距離を正しく表現するならば，すべての炭素–炭素結合が二重結合と単結合の中間にあることを示すために正六角形の中に点線を加えて書くか，あるいは円を描いて**D**のように記述することになるであろう。ギ酸イオンの場合と同じように，このことを知った上で，我々はベンゼンの構造式として亀の甲**C**を使っている。

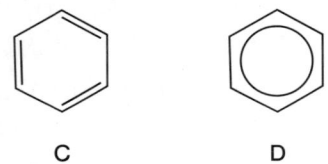

Bや**D**は化学結合次数や電子密度が統計的な値として観測されることを表現しているが，後にさまざまな反応機構を考える際に必要になる大事なオクテット形成の様子や形式電荷を適切に表現できない。そこで，電子が完全に局在化した構造を示す**極限構造式**を用いてこの状況を表現する。ギ酸イオンの例でいえば，つぎに示すように2つの極限構造式を両端にかぎのついた矢印で結んで書く。ただし，両者の関係は原子配置が異なる化合物間の平衡状態にあるのとはまったく事情が異なる。複数の極限構造式で示される構造は電子の位置が異なるだけで，原子の配列はまったく同じである。このように複数の極限構造式を関係づけて表したものを**共鳴構造**という。留意すべきことは，実際の分子の姿は上記の**B**や**D**で示されるようにただ1つでこれを**共鳴混成体**と呼び，これらのどの極限構造式よりもエネルギー的に安定である。言い換えるならば，電子が局在化した極限構造式で表されるすべての構造は，共鳴構造中には現れていない共鳴混成体よりもエネルギーが高い。

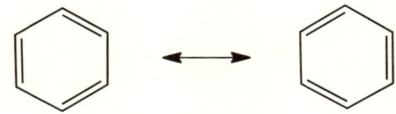

以下はベンゼンでよく知られたケクレ構造式である。これはそのまま共鳴構造を表しており，2つの構造式は極限構造式である*。

先にも述べたが，極限構造式を使わないと，電子の動きで説明する有機反応の反応機構を考える際に非常に不便である。共鳴構造中のそれぞれの極限構造式はπ電子あるいは非共有電子対の位置だけが異なっているので，それぞれの極限構造式は電子の移動により関係づける必要があるが，その表現方法については次章で述べる。

共鳴現象は分子中の電子が非局在化する様子のことで，少々わかりにくい所もあると思われるのでもう一度，念を押しておく。上で述べたギ酸イオンおよびベンゼンの真の姿はこれらの極限構造式で表されるものではなく，電子がそれぞれの部分に均等に分布した状態を表す **B** や **D** が分子中の実際の電子の統計的な分布を表現している。これを前提として複数の極限構造式（文字通り電子が局在化した極限能状態を示す）で共鳴構造を表すということである。このことについては，第2章でも扱う。

* ベンゼンの炭素-炭素結合がすべて等価であることを説明するために Kekulé は二重結合の位置が異なる2つの構造式のあいだをすばやく変化していると考えたが，現在明らかになっているベンゼンの本来の姿を描こうとする共鳴の考え方とは明らかに異なる。

共鳴構造式と実際の分子の関係
いくつかの極限構造式を含む共鳴構造で表される分子の実際の姿を考えるとき，著名な有機化学者であるG.W.Wheland のたとえを借りて馬とロバの混血であるラバというものの存在を考えるとよいかもしれない。ラバは，ある瞬間に馬やロバになることはない。しかしながら，ラバは馬とロバの性質を持ちあわせている。ラバは **B** あるいは **D** に相当する。

2 曲がった矢印を使った反応機構の書き方

2-1 電子の動きの表記法

有機化学反応の多くはイオン的な反応として解釈することができる。これを電子の動きで説明することを考えたのが英国の化学者であるRobinson（ロビンソン）とIngold（インゴルド）で，1930年代から1940年代にかけて矢印を使って電子の動きを示す「**有機電子論**」を提案した。後に詳しく述べるが，反応に関与する多くの分子は「**分極**」によって特定の結合部位に部分的な電荷の偏りを生じ，分子中の正電荷を帯びている部分と他の分子の負電荷を帯びた部分が反応して結合を形成する。有機電子論では，共鳴構造で表されるような電子が非局在化している分子においても電子が特定の結合や原子上に留まっている（局在化している）と見なして反応を考える。現在では，有機電子論が提案された20世紀前半当時よりも原子や化学結合のことが詳細にわかってきており，有機電子論はその意味で厳密さを欠く部分もあるが，有機化学反応機構を考える際には普通に極限構造式を使用している。有機電子論では，結合の生成や開裂を電子の動きで示し，その様子を**曲がった矢印（curly arrow）**で表す。では，「有機電子論」における曲がった矢印で電子の動きを示すためのルールをあげておく。

> 1) 結合の生成，開裂において，電子の動きを曲がった矢印で示す。両かぎ（鉤）矢印 ⤸ は電子対（電子2個）の動きを意味する。片かぎ（鉤）矢印 ⌒ はラジカルなど不対電子（電子1個）の動きを示す。
> 2) 矢印は必ず電子が存在するところから始まって反応に関わる電子を指定し，矢印の先は電子の受取先を示す。したがって，両かぎ矢印の場合は非共有電子対か化学結合を示す結合線から始まり，矢印が示す方向に電子が動いた後は，新しい化学結合を形成するか，非結合電子対になる。

このルールを適用して，結合の生成，開裂を電子の動きで表記できれば，複雑な反応もこれらの組み合わせで説明できる。ただし，反応機構で記述されるすべての化合物や中間体における正,負電荷の生成などは，

有機電子論の始まり

有機電子論に関するRobinsonとIngoldの二編の総説はそれぞれ以下の学術雑誌に発表されている。

R. Robinson, Two lectures on an "Outline of an Electrochemical (Electronic) Theory of the Course of Organic Reactions", The Institute of Chemistry of Great Britain and Ireland, London (1932).

C. K. Indold, "Principles of an Electronic Theory of Organic Reactions", *Chem. Rev.* **1934**, *15*, 225-274. これらの歴史的文献の全訳が『化学の原典12 有機電子説』（日本化学会編，東京大学出版会，1976年）に掲載されている。

曲がった矢印（curly arrow）

Robinsonは上述の論文の中で，電子が共有結合の程度を超えて特定の原子から離れて自由になり反応性を付与する電子の移動と，分子内での静電気的な分極（電子の偏りによって生じる極性）とを区別するために「曲がった矢印」を考案した。このように電子が移動することをエレクトロメリー変化と呼んでいる（現在ではこの言葉が使われることは殆どない）。たとえば，Robinnsonが例として挙げているように，ホルムアルデヒドへのシアン化水素の付加では，カルボニル基は（δ+）CH$_2$=O（δ-）のように分極で表されるよりも，CH$_2$=O のような記号で表して二重結合の電子がある程度炭素から離れて酸素に引きつけられていると表現した。したがって炭素原子は正に帯電しており，他との反応で電子を受け入れるためには電子を供給できるアニオノイド基（シアン化物イオン）が存在しなければならないと記述している。おそらく曲がった矢印はこの記述で初めて使用されたものと思われる。

各原子の形式電荷を合理的に満たしていなければならず,また結合に相応しい極性や安定性を考慮しなければならない。

2-2 共鳴構造の表し方:極限構造式を電子の動きで関係づける

先にギ酸イオンやベンゼンの共鳴構造について述べたが,共鳴構造は極限構造式を両矢印で結びつけたものであった。したがって,それぞれの極限構造式は分子内での電子の動きによって合理的に関連づけられなければならない。ただし,実際の分子の姿はそれらの中間の状態(共鳴混成体)であることをもう一度指摘しておく。ギ酸イオンやベンゼンのように共鳴構造を持つものはπ電子や非共有電子対が関与しており,同平面上にp軌道が並んでいることに特徴がある。

ギ酸イオンの共鳴構造は以下のように書いた。

これをp軌道で表せば,以下のようになり,この3つのp軌道の領域で電子が動けることを意味している。炭素原子および2つの酸素原子はいずれもsp^2混成である。

これをルイス式で示し,電子の動きを曲がった矢印で示して2つの構造式を関連づけると以下のようになる。

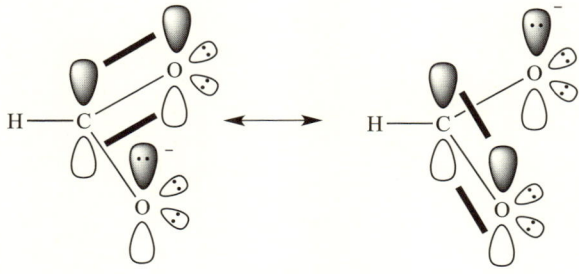

負に荷電した酸素原子上の非共有電子対がC-O結合に割り込んで二重結合を形成し,二重結合を形成していた一対の電子が他方の酸素原子上に上がればもう一方の極限構造式となる。このようにして電子の動き

で2つの極限構造式は結びつけられたことになる。このことを，電子の動きのルールにあてはめて曲がった矢印を使って書くと以下のようになる。曲がった矢印は電子対，すなわち2個の電子の動きを表していることは前述のルイス式と照らし合わせるとよく理解できる。

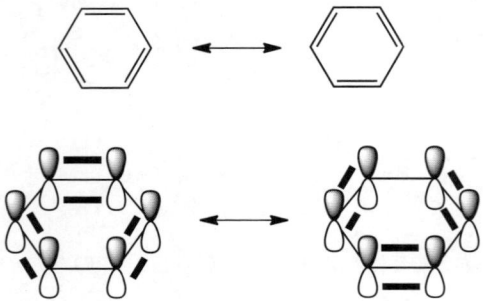

また，ベンゼンのケクレ構造を同様に考えてみよう。ベンゼン環平面上に6つのp軌道を並べると，ベンゼン環の上下にπ電子が広がって存在する様子（π電子雲と呼ばれるもの）を思い浮かべることができる。

π電子が局在化したケクレ構造を用いて電子の動きで2つの極限構造式を結ぶ。

これを以下のように表記する。

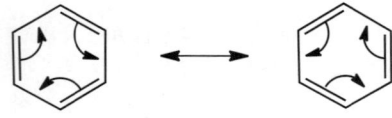

この他，有機化学で重要ないくつかの共鳴構造を曲がった矢印で電子の動きで示す。共鳴構造式の下にはp軌道の図で対応するπ結合の様子を示した。

アリルカチオンの共鳴構造

$H_2C=CH-\overset{+}{C}H_2 \longleftrightarrow \overset{+}{H_2C}-CH=CH_2$

アリルアニオンの共鳴構造

$H_2\overset{..}{C}-CH=CH_2 \longleftrightarrow H_2C=CH-\overset{..}{C}H_2^{-}$

ここで、アリルアニオン中の炭素アニオンは sp^2 混成軌道である。

アリルラジカルの共鳴構造

ラジカルなので1電子の移動となる。したがって片かぎ矢印を使用する。ラジカル炭素は sp^2 混成軌道である。

$H_2\overset{\cdot}{C}-CH=CH_2 \longleftrightarrow H_2C=CH-\overset{\cdot}{C}H_2$

エノラートイオンの共鳴構造

カルボニル基の隣接位（α位）の水素が強塩基によって引き抜かれて生成するエノラートイオンは有機化学反応で極めて重要な化学種である。多くの反応においてカルボアニオンとして作用し、炭素-炭素結合生成のための重要な求核体となる。電子的にはギ酸イオンの共鳴やアリ

第 I 部　電子の動きで解釈する有機反応

> **エノラートイオン**
>
> カルボニル基に隣接した炭素原子に水素原子（α水素という）が結合していると、ケト-エノール互変異性が平衡として存在する（共鳴構造とは異なり、両者では原子の配列が異なる）。エノール（enol）とは二重結合を表すエン（ene）とアルコール（alcohol）の合成語である。
>
>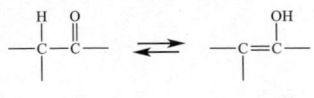
>
> エノールのアニオンをエノラートイオン（enolate ion）という。エノラートはドイツ語からの発音であるが英語風にエノレートイオンという場合もある。エノラートイオンの場合には電子の位置だけが異なるので非局在化の様子を共鳴構造で記述する。

ルアニオンの共鳴と同じである。

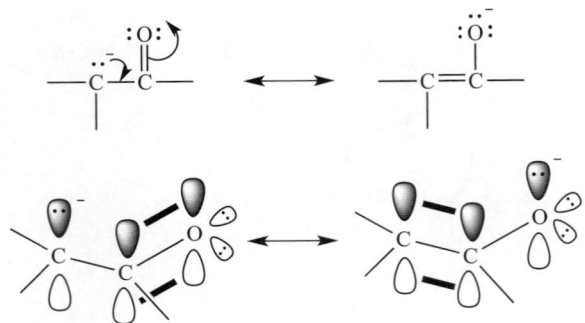

エノラートイオンはこの共鳴により安定化するのでカルボニル化合物のα水素は酸性度が高く、塩基によって引き抜かれやすくなっている。

これまで挙げてきた例では、いずれも二重結合を含む3つの原子のp軌道が並んだときの共鳴構造を示してきた。一般的には、p軌道あるいは非共有電子対をもつ X, Y, Z の3つの原子の並びを考え、2つの極限構造式を両矢印で結ぶと以下のように示すことができる。

$$\ddot{X}-Y=Z \longleftrightarrow X=Y-\ddot{Z}^{-}$$

$$\overset{+}{X}-Y=Z \longleftrightarrow X=Y-\overset{+}{Z}$$

$$\ddot{X}-Y=Z \longleftrightarrow X=Y-\dot{Z}$$

ここで、有機化学における共鳴現象についてもう少し説明しておきたい。電子を動かしていくつかの極限構造式が関連づけられることは理解していただけたと思うが、極限構造式が多く書けるほどその化合物は安定であるということがある。極限構造式が多く書けるということは電子の非局在化の範囲が広くなることを意味するが、いまここでは、電子が広い空間を動くことができるようになることで、複数の原子核（陽子）との静電気相互作用が可能になって安定化すると説明しておく。

たとえばフェノールが酸性を示すことは、共鳴構造を書くことによって説明される。フェノールがプロトンを放出した後に生成するフェノキシドイオンの共鳴構造を見てみよう。フェノキシドイオンは多くの極限構造式によって共鳴構造が示される。フェノールの共役塩基であるフェノキシドイオンが安定化されることにより、フェノールはブレンステッド酸となる。脂肪族アルコールではその共役塩基のアルコキシドイオンにおいて、フェノキシドイオンのような共鳴安定化はない。

[フェノキシドイオンの共鳴構造式]

これまで共鳴によって安定化するという表現を使ったが、その分子が本来備えている電子の非局在化による安定性を共鳴という現象による、と説明していることに注意して欲しい。

2-3　結合の生成と開裂

有機化学反応は結合の生成と開裂を伴って進行する。これらの多くはイオン的な反応で進行するので、曲がった矢印で電子の動きを表記する有機電子論によって反応機構を記すことができる。

まず有機反応ではないが身近な例として、プロトンと水酸化物イオンによる中和反応を有機電子論の方法で考えてみよう。以下はルイス式で示したものである。

$$H:\ddot{\underset{..}{O}}:^- + H^+ \longrightarrow H:\ddot{\underset{..}{O}}:H$$

このことを曲がった矢印を使って書くと以下のようになる。反応機構を書く際には、非共有電子対を書いておくと電子の動きを追っていきやすい。

$$H-\ddot{\underset{..}{O}}:^- + H^+ \longrightarrow H-\ddot{\underset{..}{O}}-H$$

曲った矢印は水酸化物イオンの酸素上の電子対がプロトンとの結合に使用されて共有結合を形成することを意味している。したがって、水酸化物イオンの1つの非共有電子対がプロトンとの共有結合となったことが単結合の線で示される。水酸化物イオンでは酸素原子上に非共有電子対が3つあるが、これらは電子対で占められている sp^3 混成軌道のうちの3つで等価で区別できない。したがって矢印はどの非共有電子対から始まってもよいのであるが、表現上なるべく結合を形成する場所がわかりやすいように書くのがよいであろう。ここで注意すべきことは、曲がった矢印は水酸化物イオンがプロトンに近づいていくことを意味するのではない。また、プロトンが水酸化物イオンに近づくと考えてプロトンから矢印を書いてはいけない。曲がった矢印は結合の生成に使われる電子を示すとともに結合する相手の原子を示すもので、原子の動きを示す

ものではない。

$$H:\overset{..}{\underset{..}{O}}:^- + H^+ \longrightarrow H:\overset{..}{\underset{..}{O}}:H$$

ルール1）で述べたように曲がった矢印の根元は必ず電子の存在する場所になければならない。この中和反応において，プロトンは結合を形成する際に電子を受取っているので電子受容体，すなわち求電子試薬となっており，一方，水酸化物イオンは電子をプロトンに与えるので電子供与体，すなわち求核試薬となっている。

中和反応とは逆に，水が2つのイオンに解離する過程をルイス式で示すと以下のようになる。H-O結合が開裂している。

$$H:\overset{..}{\underset{..}{O}}:H \longrightarrow H:\overset{..}{\underset{..}{O}}:^- + H^+$$

これを曲がった矢印を使って以下のように示すと，H-O結合から出る矢印は結合電子対が酸素原子の方に残って非共有電子対となり，水酸化物イオンを形成する様子が表現されている。矢印はH-O結合の結合電子対の存在を意味する結合線から発しなければならない。

$$H-\overset{..}{\underset{..}{O}}-H \longrightarrow H-\overset{..}{\underset{..}{O}}:^- + H^+$$

さらに形式電荷のところでも触れたが，オキソニウムイオンの生成についても述べておく。水分子にプロトンが付加してオキソニウムイオン（形式電荷 +1 をもつ三価の酸素原子を一般的にオキソニウムイオンという。H_3O^+ は最も一般的なオキソニウムイオンでヒドロニウムイオンともいう）を生成する反応では，酸素原子の一方の非共有電子対がプロトンと共有結合を形成するために使われる。

$$H:\overset{..}{\underset{..}{O}}:H + H^+ \longrightarrow H:\overset{H}{\underset{..}{\overset{..}{O}^+}}:H$$

曲がった矢印を使って示すと以下のようになる。

$$H-\overset{..}{\underset{..}{O}}-H + H^+ \longrightarrow H-\overset{H}{\underset{..}{\overset{|}{O^+}}}-H$$

もうひとつ，カルボカチオン（ここでは *tert*-ブチルカチオン）に対する水酸化物イオンの付加を挙げておく。炭素-酸素結合が新たに生成する反応で，これは脂肪族求核置換反応の一部分である。ルイス式による

表現は以下の通りである。

$$H_3C:\overset{CH_3}{\underset{CH_3}{\overset{..}{C}^+}} + :\overset{..}{\underset{..}{O}}H \longrightarrow H_3C:\overset{CH_3}{\underset{CH_3}{C}}:\overset{..}{\underset{..}{O}}H \equiv CH_3-\overset{CH_3}{\underset{CH_3}{\overset{|}{C}}}-OH$$

曲がった矢印で示すと以下のようになる。

$$CH_3-\overset{CH_3}{\underset{CH_3}{\overset{|}{C}^+}} + :\overset{..}{\underset{..}{O}}H \longrightarrow CH_3-\overset{CH_3}{\underset{CH_3}{\overset{|}{C}}}-OH$$

電子供与体 (求核試薬, nucleophilic reagent, Nu:$^-$) と電子受容体 (求電子試薬, electrophilic reagent, E$^+$) との反応による結合の生成を一般的に示すならば, 以下のように書ける。

$$Nu:^- + E^+ \longrightarrow Nu-E$$

矢印の根元は求核試薬 Nu:$^-$ から始まり, 矢印の先端は求電子試薬 E$^+$ に向かって共有結合を形成することを意味している。この際に電子供与体すなわち求核試薬の非共有電子対が求電子試薬との共有結合電子対となる。したがって, 有機電子論では求核試薬の非共有電子対が結合電子対になることを求核試薬の電子対が求電子試薬を攻撃するように曲がった矢印で表現する。

次に, ハロゲン化アルキルの炭素–ハロゲン結合が開裂する様子を書く。臭素原子が C–Br 共有結合電子対を持って出ていき, 臭化物イオンとなる。一方, 炭素原子の方は結合電子対を失うので, 形式電荷+1 のカルボカチオンとなる。これは臭化 tert-ブチルを例とした置換反応の第一段階である。

$$H_3C:\overset{CH_3}{\underset{CH_3}{\overset{..}{C}}}:\overset{..}{\underset{..}{Br}}: \longrightarrow H_3C:\overset{CH_3}{\underset{CH_3}{\overset{..}{C}^+}} + :\overset{..}{\underset{..}{Br}}:^-$$

これを曲がった矢印を使って示せば, 臭素原子が結合線で示した C–Br 間の電子対を持って出ていく様子がよくイメージできる。

$$CH_3-\overset{CH_3}{\underset{CH_3}{\overset{|}{C}}}-\overset{..}{\underset{..}{Br}}: \longrightarrow CH_3-\overset{CH_3}{\underset{CH_3}{\overset{|}{C}^+}} + :\overset{..}{\underset{..}{Br}}:^-$$

順序が逆になったが，この臭化 tert-ブチルの結合開裂によって生成した tert-ブチルカチオンと水酸化物イオンとの反応を組み合わせれば，希アルカリ水溶液中での臭化 tert-ブチルの脂肪族1分子求核置換反応（S_N1）の二段階反応機構を示したことになる。この反応は次章で詳述する。

一般的に結合の開裂を示すならば，以下のように書ける。X–Y 間の結合において，単結合を形成している結合電子対の2つの電子を Y が持ってゆき，X は陽イオンに，Y は負イオンになる。開裂して異なるイオンが生じるので不均一結合開裂ということがある。

$$X\frown Y \longrightarrow X^+ + {}^-:Y$$

つぎに結合との生成と開裂が同時に起こる場合を考えてみる。例えば臭化メチルに濃アルカリを作用させた場合で，臭素原子とヒドロキシル基が置き換わってメタノールが生成する反応である。

$$CH_3Br + {}^-:\!\ddot{O}H \longrightarrow CH_3OH + :\!\ddot{B}r\!:^-$$

詳しいことはここでは触れないが，この反応は一段階で進行し，C–Br 結合の開裂と C–O 結合の生成が同時に起こる。

$$H_3C:\!\ddot{B}r\!: + {}^-:\!\ddot{O}H \longrightarrow H_3C:\!\ddot{O}H + :\!\ddot{B}r\!:^-$$

これを以下のように曲がった矢印で示せば，結合の生成と開裂が同時に起こることがよく表現できる。この反応は脂肪族2分子求核置換反応（S_N2）の例である。

$$H\ddot{O}:^- + H_3C\frown\ddot{B}r\!: \longrightarrow H\ddot{O}\!-\!CH_3 + :\!\ddot{B}r\!:^-$$

ラジカル反応についても有機電子論で記述してみよう。ラジカル反応では，イオン的な反応のように電子は対で動くのではなく，1個ずつ移動する。ここでは塩素分子の結合開裂による塩素ラジカルの生成と，ふたつの塩素ラジカルが結合して塩素分子を形成する反応について書く。前述したように，ラジカル反応では片かぎ矢印を使用する。塩素分子の結合の開裂により2つの塩素ラジカルの生成する過程は以下のように示される。2つの中性の化学種が生成するので均一結合開裂ともいう。

$$:\!\ddot{C}l\!:\!\ddot{C}l\!: \longrightarrow 2\ :\!\ddot{C}l\cdot$$

逆の反応で，2つの塩素ラジカルの結合によって塩素分子が生成する過程は以下のように書ける。

$$:\ddot{Cl}\cdot \curvearrowright \curvearrowleft \cdot\ddot{Cl}: \longrightarrow :\ddot{Cl}-\ddot{Cl}:$$

2つの矢印の先端が宙に泳いでいるように見えるが，1個ずつの電子があらたに結合電子対を形成することを意味している。

コラム1　ラジカルの発見

ベンゼン環が多く結合した立体障害の大きなアルカンに興味をもっていた M.Gomberg は，すでにテトラフェニルメタンの合成に成功していたが，つぎにそれまで実現していなかったヘキサフェニルエタンの合成に取り組んだ。ヘキサフェニルエタンは2つの炭素にそれぞれ3つのベンゼン環が結合した構造をもつため，ベンゼン環どうしの立体的な反発によって極めて不安定と予想される。

Gomberg は塩化トリフェニルメチルに銀粉または亜鉛末を作用させてヘキサトリフェニルエタンを合成しようとしたが，予想に反して酸素原子を含む化合物を得た。そこで酸素を遮断して反応をおこない，金属塩と溶媒を除去して無色の結晶生成物を得た。この生成物の元素分析値はヘキサフェニルエタンと一致していたが，これをヘキサフェニルエタンとするならば説明できないいくつかの不思議な性質が実験によって示された。この生成物はベンゼンに溶解すると黄色の溶液となるが，空気と触れさせると無色なり，しばらく後に再び黄色になる。数回これを繰り返すことができるが最終的には無色となる。一方，薄いヨウ素の溶液にこの生成物を加えるとヨウ素溶液は無色となり，ヨウ素と反応することがわかった。これらの反応によって生成した化合物の構造は，以下に示す過酸化物およびヨウ化トリフェニルメタンであることが判明した。

トリフェニルメチルラジカル

これらの結果から，Gombergはトリフェニルメチルラジカルが存在しているに違いないと考え，「初めて安定なラジカルを得た」と報告した。これは1900年のことであったが，この主張が認められたのは10年以上の後であった。トリフェニルメチルラジカルはベンゼン中で黄色を呈しており，溶液中では平衡状態で一定の割合で安定に存在している。このラジカルは3つのベンゼン環との共鳴により非常に安定化している（多数の極限構造式で共鳴構造を書くことができる）ので特別なラジカルといえる。

すべてのベンゼン環に対して共鳴がある

さて，始めに得られたヘキサフェニルエタンと考えられていた無色の生成物の構造は，およそ70年後にその構造が明らかにされ，2分子のトリフェニルメチルラジカルが立体障害を避けて二量化したもので，α, p-二量体という。その生成機構を有機電子論で示すと以下の通りである。

α, p-二量体

Gombergが観察したように，この無色の二量体をベンゼンに溶解するとトリフェニルメチルラジカルとの平衡状態になり溶液は黄色を呈するが，現在では，黄色の溶液中には一定の割合でヘキサフェニルエタンが存在していると考えられている。この特別なラジカルが発見されて以後，不安定なアルキルラジカルなどの存在がつぎつぎと確認されてラジカルの化学が発展している。現代の研究室では，電子スピン共鳴（ESR）スペクトルによってラジカルが直接観測できる。

以上のGombergの研究はその後多くの研究者によって現代化学の意味合いを加えながら継続されている。ベンゼン環どうしの立体障害によってヘキサフェニルエタンの生成が難しくなっているため，単離される生成物はα, p-二量体であったが，すべてのベンゼン環のメタ位にかさ高い*tert*-ブチル基を導入すると，今度は*tert*-ブチル基の立体障害によりα, p-二量体の生成が困難となるために，α, α-二量体であるヘキサキス（3,5-ジ*tert*-ブチルフェニル）エタンが結晶生成物として得られたという。ここで興味深いのは中心の炭素-炭素結合距離は1.67 Åで，通常のsp^3-sp^3炭素-炭素結合の1.45 Åよりもかなり長くなっていることである[1]。

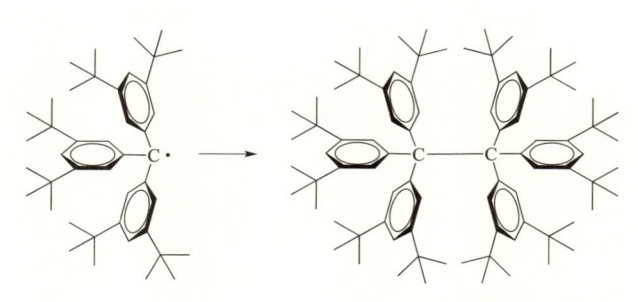

α,α-二量体
長い炭素–炭素 σ 結合（1.67Å）をもつ

さらに，どこまで sp^3-sp^3 炭素–炭素結合を長くできるかという構造化学的研究が続けられ，現在で最も長いものは以下のアセナフテン型の化合物で観測されており，その結合距離は 1.77 Å と報告されている[2]。研究者らはこの結合距離を Ultralong C-C bond と呼び，σ 結合のやわらかさを示すものと指摘している。この化合物の構造をよく見ると，ヘキサフェニルエタンの誘導体であり，アセナフテン構造で固定して sp^3-sp^3 炭素–炭素結合が開裂しにくくなるようにくふうされている。長い σ 結合という不安定な化学結合は，環境の変化により結合や切断が可能となるので新しい機能物質としての応用が期待される。まさに温故知新ということができる。

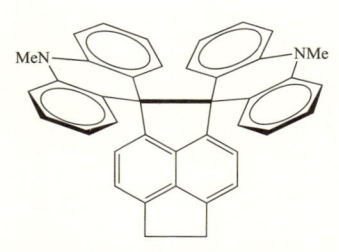

最も長い σ 結合（1.77Å）をもつ化合物

参考文献：1) B. Kahr, D. v. Engen, K. Mislow, *J. Am. Chem. Soc.*, 1986, *108*, 8305-8307.
2) T. Takeda, Y. Uchimura, H. Kawai, R. Katoono, K. Fujiwara, T. Suzuki, *Chem. Lett.* 2013, *42*, 954-962.

3 有機電子論による反応機構の表現

　これまで結合の生成や開裂などの表し方を述べたので，この章では多くの有機化学反応のうち，重要なものを取り上げ，「有機電子論」で反応機構を考えることにしよう。ただし，ここで記述される反応機構は単なる電子のつじつま合わせではなく，**これまで積み上げられてきた実験事実から明らかにされた中間体の構造や，立体化学に関する知見などが反映されている**ことを指摘しておく。

3-1　結合の分極

　有機化学で学ぶ反応はイオン的な機構で進行するものが非常に多いと述べたが，なぜイオン的な機構なのであろうか。炭素原子と他の原子との結合においては2つの原子の間の電気陰性度の相違により，結合電子対が電気陰性度の大きな原子の方に偏る。例えば，塩素や臭素を含むハロゲン化アルキルの例で見ると，炭素原子よりもハロゲン原子の方が電気陰性度が大きいので炭素原子-ハロゲン原子の間の結合電子対はハロゲン原子の方に偏っており，炭素原子は若干の正電荷を，ハロゲン原子は若干の負電荷を帯びている。このような結合電子対の偏りによって部分的に正電荷や負電荷を帯びることを**分極**という。結合の分極を δ^+ や δ^- を使って表す。

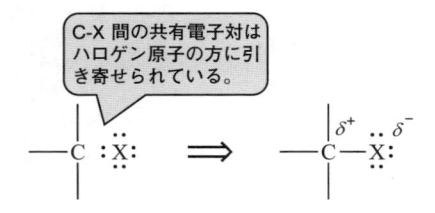

> C-X 間の共有電子対はハロゲン原子の方に引き寄せられている。

$$-\overset{|}{\underset{|}{C}} : \ddot{\underset{\cdot\cdot}{X}} : \quad \Rightarrow \quad -\overset{|}{\underset{|}{C}}\overset{\delta^+}{}\overset{\delta^-}{\ddot{\underset{\cdot\cdot}{X}}}:$$

　また，有機化学反応において極めて重要なカルボニル基については炭素-酸素二重結合の π 電子が電気陰性度の大きな酸素原子の方に偏って，カルボニル炭素は若干の正電荷を帯びる。

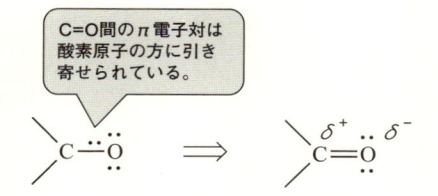

> C=O間のπ電子対は酸素原子の方に引き寄せられている。

$$\diagdown_{C} \overset{\cdot\cdot}{=} \overset{\cdot\cdot}{\underset{\cdot\cdot}{O}} \Longrightarrow \diagdown_{C} \overset{\delta^+}{=} \overset{\cdot\cdot}{\underset{\cdot\cdot}{\overset{\delta^-}{O}}}$$

このように，炭素原子-ハロゲン原子結合やカルボニル基の分極によって炭素原子は求核試薬の攻撃を受けるようになり，多くの重要な有機化学反応の原因となっている。結合の分極はあくまでも電子の偏りで，反応においては結合の開裂，生成の過程が必要なのでイオン的反応とはいいながらも，通常の無機化学反応に見られるような瞬時に起こる正負イオンどうしの結合に比べてより多くのエネルギーを必要とし，反応も非常に遅い。

3-2　脂肪族求核置換反応

求核置換反応はハロゲン化アルキルなど極性を有する化合物（基質）において，陰イオンあるいは非共有電子対を有する求核試薬の攻撃を受け，その基質に含まれる原子あるいは原子団が脱離して置き換わる反応である。一般式で示すならば以下のようになる。ここで，L は脱離基 (leaving group)，Nu:⁻ は求核試薬 (nucleophilic reagent) である。

$$-\overset{|}{\underset{|}{C}}\overset{\delta^+}{-}\overset{\delta^-}{L} \; + \; Nu:^- \; \longrightarrow \; -\overset{|}{\underset{|}{C}}-Nu \; + \; L:^-$$

反応基質の C-L 結合の炭素原子は電気陰性度の大きな原子と結合しているため正に分極しており，様々な求核試薬 Nu:⁻ の攻撃を受けることにより，置換反応が起こる舞台となる。このような置換反応が見られるのは，おもに脂肪族のハロゲン化物，脂肪族スルホン酸エステル類など（反応にまったく関わらない芳香環を有するものもこれに含める）である。直接芳香環の炭素原子にハロゲン等が結合した芳香族化合物では芳香環の上下にπ電子雲があるため求核試薬が近づくことが難しく，求核置換反応は滅多に起こらない。脂肪族求核置換反応では，求核試薬が攻撃するのと脱離基が出てゆくタイミングの相違により2種類の反応機構がある。これらの反応機構は，用いる反応基質，求核試薬，反応条件に依存し，反応速度式，立体化学などに違いが生じる。有機電子論によって，このような実験事実が反映されるように反応機構を書くことがで

きる。

　脂肪族求核置換反応のはじめの例として，臭化 tert-ブチルのような立体障害の大きな基質の反応について考える。臭化 tert-ブチルをアセトン–水の混合溶媒中におくと tert-ブチルアルコールを生じる。反応機構を以下に示す。

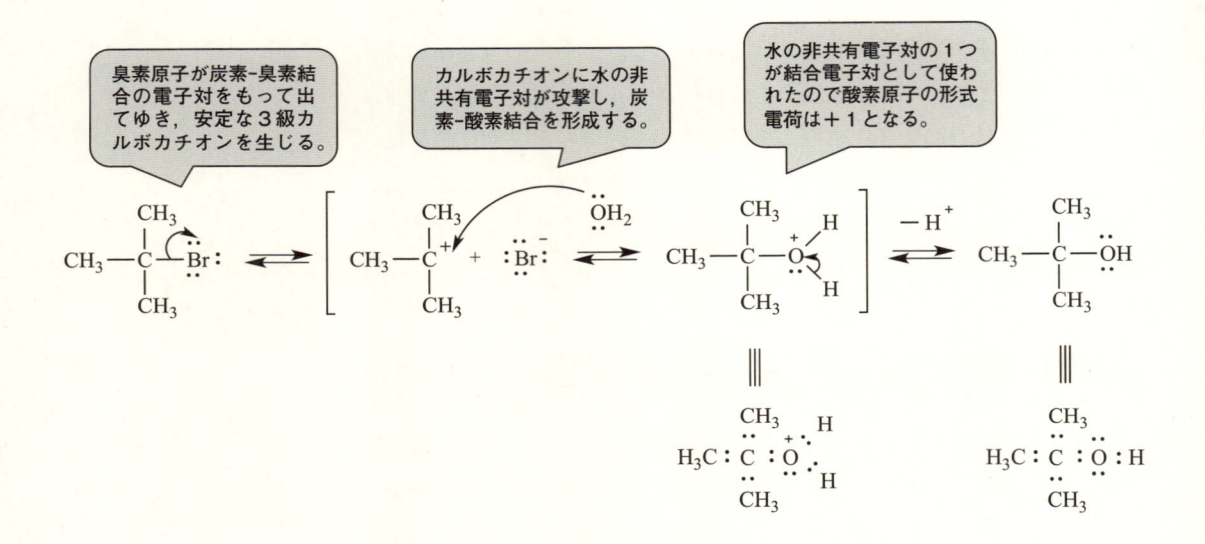

> 臭素原子が炭素–臭素結合の電子対をもって出てゆき，安定な3級カルボカチオンを生じる。

> カルボカチオンに水の非共有電子対が攻撃し，炭素–酸素結合を形成する。

> 水の非共有電子対の1つが結合電子対として使われたので酸素原子の形式電荷は＋1となる。

$$CH_3-\underset{CH_3}{\underset{|}{\overset{CH_3}{\overset{|}{C}}}}-Br \rightleftharpoons [CH_3-\underset{CH_3}{\underset{|}{\overset{CH_3}{\overset{|}{C^+}}}} + :Br:^- \rightleftharpoons CH_3-\underset{CH_3}{\underset{|}{\overset{CH_3}{\overset{|}{C}}}}-\overset{+}{O}\underset{H}{\overset{H}{\diagup}}] \overset{-H^+}{\rightleftharpoons} CH_3-\underset{CH_3}{\underset{|}{\overset{CH_3}{\overset{|}{C}}}}-OH$$

カルボカチオンの安定性

　カルボカチオンの安定性を簡単に説明するならば，σ結合電子対を多くもつ電子供与性のアルキル基が多く結合している級数の大きなカルボカチオンでは，アルキル基からカチオン部へ電子の偏りが起こり，カルボカチオンの陽電荷が緩和されて安定化する。このとき，周りのアルキル基ではカルボカチオンに向って電子が偏ったので若干電子密度は小さくなっている。すなわち，中心のカルボカチオンの陽電荷は薄められて電荷の分散が起こっている。このような理由から，カルボカチオンの安定性は中心炭素に結合しているアルキル置換基の数に依存し，3級＞2級＞1級の順になる。電荷の分散による安定化は，プロトンの水への付加によるオキソニウムイオン生成等に見られるように一般的な現象である。一方，置換基のアルキル基中の複数の炭素–水素のσ結合があたかもπ結合のように振る舞ってカルボカチオンを安定化させるという超共役による説明もある。

　この反応では，はじめに分極した臭化 tert-ブチルの炭素–臭素結合が開裂して臭化物イオンが抜けていくことにより中間体のカルボカチオンが生じる。この過程は先に結合の開裂のところで例として挙げたものである。ここで，臭化 tert-ブチルから生じるカルボカチオンは3級カルボカチオンであるため，安定化されていることが重要な要因となっている。水の非共有電子対がカルボカチオンを攻撃してオキソニウムイオンになる過程については，水にプロトンが付加してオキソニウムイオンを生じる場合とよく似ている。中間体のカルボカチオンは sp^2 混成なので平面構造を有し，水分子の付加は平面の上下からの攻撃が可能となるため，脱離基を含めて4個の異なる置換基をもち中心炭素が光学活性な基質を用いれば鏡像異性体混合物（ラセミ体）のアルコールが生成する。さらにカルボカチオンを中間体としているので，用いる基質の構造によっては転位反応，脱離反応，あるいは隣接基関与などのカルボカチオン特有の反応を伴うことがある。この反応機構では，ⅰ）炭素原子–臭素原子の開裂によるカルボカチオンの生成，ⅱ）カルボカチオンへの水の攻撃の二段階となるが，第一段階のカルボカチオンを生じる過程の反応速度が水分子の攻撃による第二段階目に較べて極めて遅いので反応速度は第一段階目の速度のみに依存する。したがって，反応速度は反応基質

の濃度のみに依存し，**1分子求核置換反応** S_N1（Unimolecular Nucleophilic Substitution reaction）に分類される。

つぎに，臭化メチルと水酸化物イオンとの反応でメタノールが生成する例を考えてみよう。以下の反応機構は結合の生成と開裂が同時に起こることを表している。

$$HO^- + H_3C-Br \longrightarrow HO-CH_3 + :Br^-$$

この反応機構を途中の遷移状態を考慮して書くと以下のようになる。

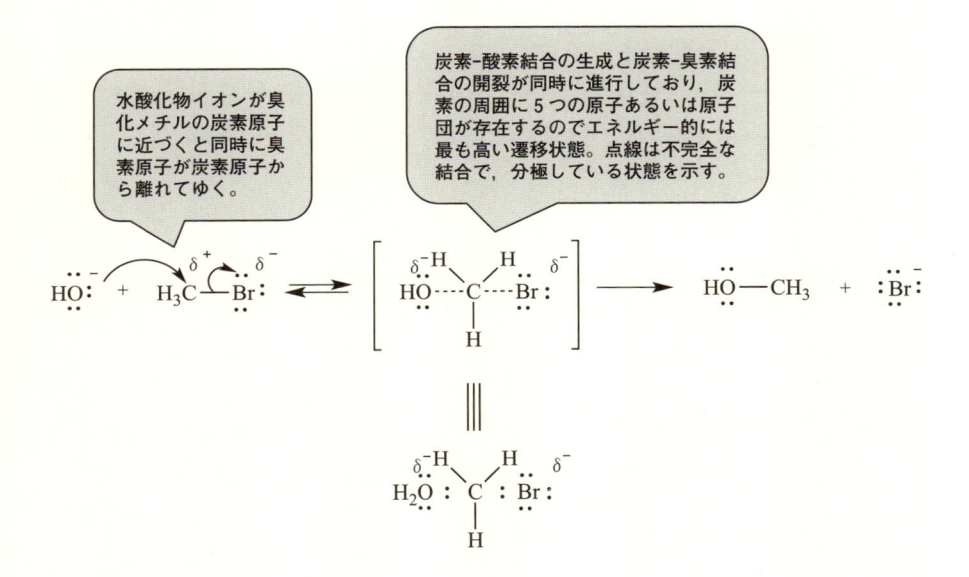

> 水酸化物イオンが臭化メチルの炭素原子に近づくと同時に臭素原子が炭素原子から離れてゆく。

> 炭素–酸素結合の生成と炭素–臭素結合の開裂が同時に進行しており，炭素の周囲に5つの原子あるいは原子団が存在するのでエネルギー的には最も高い遷移状態。点線は不完全な結合で，分極している状態を示す。

$$HO^- + H_3C-Br^{\delta+}\cdots Br^{\delta-} \rightleftarrows [HO^{\delta-}\cdots C\cdots Br^{\delta-}] \longrightarrow HO-CH_3 + :Br^-$$

$$H_2O^{\delta-}\cdots C:Br^{\delta-}$$

この反応機構では，δ^+ に分極している臭化メチルの炭素原子に水酸化物イオンが求核攻撃して新たに炭素–酸素結合が生じるのと同時に，炭素–臭素結合が開裂して臭化物イオンが出てゆく。中間体は生じずに，結合の生成と開裂が同時に行われて一段階で反応は進行する。反応において臭化メチルと水酸化物イオンの両基質が衝突しなければならないので，反応速度は両方の濃度に依存し，反応速度式は2次で，**2分子求核置換反応** S_N2（Bimolecular Nucleophilic Substitution reaction）という。この S_N2 では結合の生成と開裂が同時に進行するため，求核試薬は必ず脱離基の反対側から攻撃しなければならない。その遷移状態は炭素原子を中心に5本の結合をもつような形で示され，その姿はあたかも，嵐の中で雨傘が風の勢いで反転するような恰好になっている。したがって，光学活性な基質を用いれば生成物の光学活性は必ず反転する。

この反応機構は先に述べた臭化 *tert*-ブチルの場合とはずいぶん異な

中間体と遷移状態の違い
中間体は反応の途中で生じる比較的安定な状態をいう。反応のポテンシャルエネルギー図においては反応途中の谷間に位置する。したがって中間体は，その存在をスペクトル的手法などによって確認することができることがあり，場合によっては単離できることもある。これに対し，遷移状態は基質から生成物あるいは中間体に至る過程でポテンシャルエネルギーの極大値，すなわち山の頂上に位置する状態で，物理化学的あるいは化学的に検出することは不可能である。基質から遷移状態に至るエネルギー差が活性化エネルギーで，その大きさが反応速度に直接影響する。

ることがわかる。これは反応基質である臭化アルキルの構造の違いによるものである。すなわち，臭化 tert-ブチルはかさ高い tert-ブチル基をもつため，中間体のカルボニウムイオンが安定化される一方，立体的要因によって S_N2 で見られるような中心炭素に 5 つの置換基が存在する遷移状態を経由することはできない。したがって，立体障害の大きな基質を用いたときには S_N1 で進行し，立体障害の少ない第 1 級の基質を用いたとき，また強力な求核試薬が使用されたときには S_N2 で置換反応が進行する。

以上のように，有機電子論による反応機構は反応のしくみを記述するばかりでなく，生成物の立体構造の由来も示すことができる。

例 題 A

以下の化合物 A は，B に較べてエタノール中で数十万倍も速く反応してエーテルを生成する。A とエタノールとの反応の機構を示して説明せよ。

$$CH_3CH_2OCH_2Cl \quad\quad CH_3CH_2CH_2CH_2Cl$$
$$\text{A} \quad\quad\quad\quad\quad\quad \text{B}$$

[解答例]

$$CH_3CH_2OCH_2-Cl \xrightarrow{-Cl^-} CH_3CH_2-\overset{..}{\underset{..}{O}}\!{=}^+\!CH_2 \longleftrightarrow CH_3CH_2-\overset{+}{\underset{..}{O}}{=}CH_2 \xrightarrow{H\ddot{O}CH_2CH_3}$$

$$CH_3CH_2-O-CH_2-\underset{H}{\overset{+}{O}}-CH_2CH_3 \xrightarrow{-H^+} CH_3CH_2OCH_2OCH_2CH_3$$

A から塩化物イオンが脱離して生じるカルボカチオンでは，隣接する酸素原子の非共有電子対が関与する共鳴安定化がある。そのため，B から生成する第 1 級カルボカチオンよりも格段に速やかに生成する。この反応は S_N1 で，カルボカチオンの生成が律速段階である。したがって，A の方が B よりも非常に速くエタノールと反応する。

例 題 B

(S)-1-フェニル-2-プロパノールと塩化 p-トルエンスルホニルをピリジン存在下で反応させると，光学活性を保持した (S)-1-フェニル-2-プロピルトシラートを生成するが，これに酢酸カリウムを反応させると光学活性が反転した酢酸 (R)-1-フェニル-2-プロピルが得られる。さらにこの化合物に水酸化カリウムを反応させると，(R)-1-フェニル-2-プロパノールが得られる。結局，この一連の反応では，もとのアルコールを光学活性が反転したアルコールに変換したことになる。反応機構を示してこの一連の反応を説明しなさい。

[解答例]

以下に3つの反応の機構を示す。i) の反応では不斉中心の炭素と酸素の結合の開裂はないので光学活性に変化はなく，光学活性は保持される。ii) では，酢酸アニオンが不斉中心の炭素を攻撃し，酸素との結合が開裂する $S_N 2$ で進行するので光学活性は反転する。最後の iii) では水酸化物イオンがエステルのカルボニル炭素を攻撃するエステルのアルカリ加水分解（カルボン酸誘導体の求核アシル置換反応：エステルの加水分解の項を参照）で，不斉中心の炭素と酸素との結合は開裂せずにアルコキシアニオンとして脱離する。

3-3　アルケンへの求電子付加反応

アルケンへの求電子付加反応の代表的なものは下に示すように，ハロゲン化水素やハロゲン（X-Y）の炭素-炭素不飽和結合への付加である。

$$\text{>C=C<} + \text{X—Y} \longrightarrow \text{—C(X)—C(Y)—}$$

　エチレンと臭化水素の反応例で考えよう。以下の式では反応に関わる電子をすべて示してある。まず臭化水素の水素原子がエチレンのπ電子の攻撃を受け，エチレンのπ電子を使ってσ結合を形成する。このとき，臭素は電子対を持って臭化物イオンとして離れる。プロトンが付加したエチレンのもう1つの炭素は電子不足となり+1の形式電荷を帯びたカルボカチオンとなる。このカルボカチオンに臭化物イオンが付加して反応は完結する。

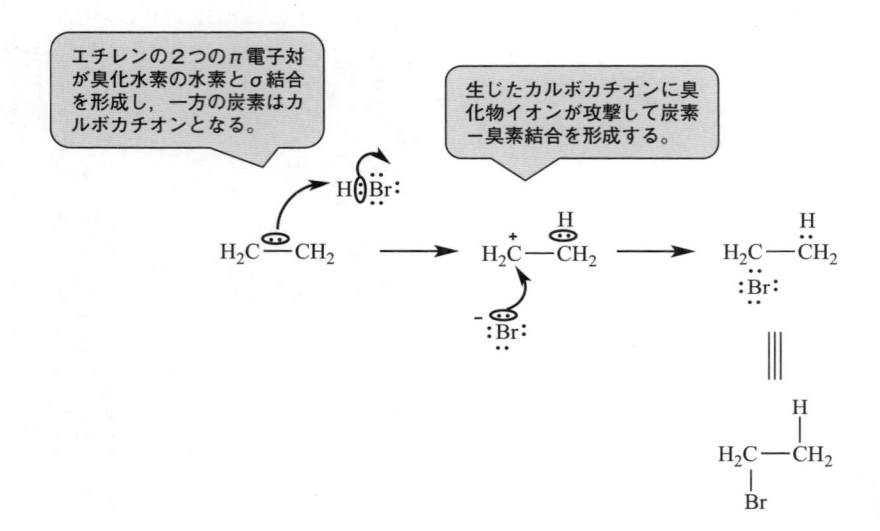

> エチレンの2つのπ電子対が臭化水素の水素とσ結合を形成し，一方の炭素はカルボカチオンとなる。

> 生じたカルボカチオンに臭化物イオンが攻撃して炭素―臭素結合を形成する。

$$H_2C=CH_2 \xrightarrow{H-Br} H_2C^+-CH_2(H) \xrightarrow{:Br^-} H_2C(H)-CH_2(Br)$$

$$\parallel$$

$$H_2C(H)-CH_2(Br)$$

　電子の動きを曲った矢印を使った反応機構で書くと以下のようになる。矢印はエチレンの二重結合から臭化水素の水素に向かっている。臭素原子がH-Br結合電子対を持って行くので，矢印はH-Br単結合から臭素原子に向かっている。また，臭素イオンの非共有電子対がカルボカチオンを攻撃するので矢印は臭化物イオンの非共有電子対からカルボカチオンに向っている。

$$H_2C=CH_2 + H-Br: \longrightarrow H_2C^+-CH_2(H) + :Br:^- \longrightarrow H_2C(H)-CH_2(Br)$$

Markovnikov（マルコフニコフ）則

　ところで，非対称アルケンへの臭化水素の付加では二通りの付加の仕

方があるので，付加物も二種類が生成可能である。その場合，中間体のカルボカチオンの安定性を考慮することによって，どちらが主生成物になるか判断できる。より多くのアルキル基がついた炭素のカルボカチオンがより安定なので，アルキル基の少ない方の炭素に水素が付加した方が有利となる。逆の言い方をすれば，臭化水素の付加ではアルケンの2つの炭素のうち，より水素の多い炭素に水素が付加した生成物が優先する。これをMarkovnikov則という。以下に示した2-メチルプロペンの例では，一方の生成物のみを生じる。

過酸化物効果

一方，過酸化ベンゾイルなどの過酸化物の存在下で非対称アルケンへの臭化水素の付加を行うとMarkovnikov則とは逆の方向に付加が起こり，これを過酸化物効果という。反応機構がラジカル反応に変わることがその理由である。臭化水素に過酸化物のラジカル開裂から生じたオキシラジカルが作用すると臭化水素もラジカル開裂し，臭素ラジカルが生成する。この臭素ラジカルがアルケンに付加する際に，立体的要因と臭素ラジカルが付加した後に生成する炭素ラジカルの安定性（置換基の多いラジカルが安定）の2つの要因により置換基の少ない方の（水素の多い方の）炭素に付加する。つまりMarkovnikov則とは逆の付加となる。その後，生成した炭素ラジカルが臭化水素から水素を引き抜いて反応が完結する。ここで再び臭素ラジカルが生成するので，同じ反応過程を連鎖的に繰り返す。この反応機構はラジカル反応で記述されるので，すべて1電子の動きを示す片かぎ矢印で示される。

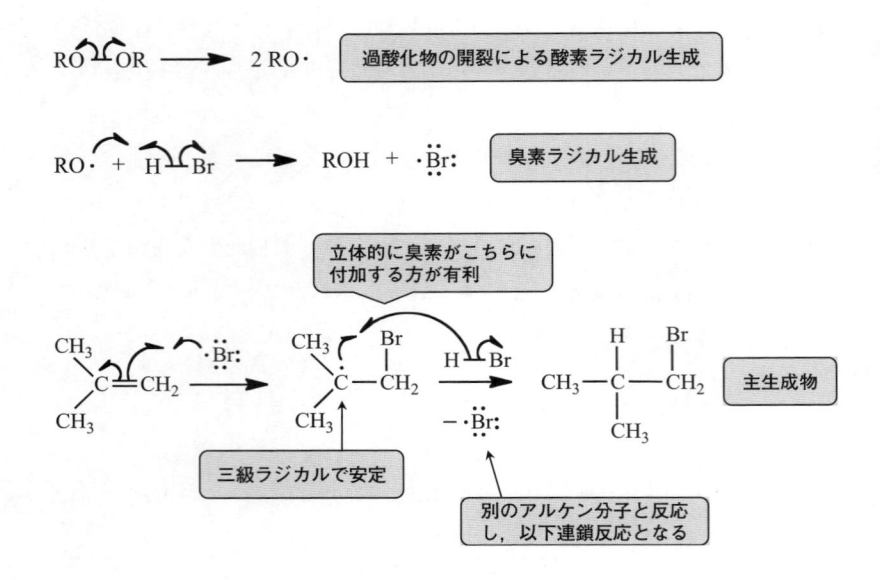

RO⌒⌒OR ⟶ 2 RO·　　過酸化物の開裂による酸素ラジカル生成

RO· + H⌒Br ⟶ ROH + ·Br:　　臭素ラジカル生成

立体的に臭素がこちらに付加する方が有利

CH_3 　　　　　　　CH_3　Br　　　　　　　H　Br
  \　　　　　　　　　 \　 /　　　　　　　 　　 \ /
   C=CH_2 + ·Br: ⟶　C—CH_2 ⟶ CH_3—C—CH_2　主生成物
  /　　　　　　　　　 /　　　　H⌒Br　　　　 　/
CH_3 　　　　　　　CH_3　　　　　　　　 CH_3
　　　　　　　　　　　　　　　　　－·Br:

三級ラジカルで安定　　　　　別のアルケン分子と反応し，以下連鎖反応となる

ブロモニウムイオンの生成と立体化学

　つぎに，アルケンに臭素分子が付加する場合を考える。臭素は臭素原子2つからなる2原子分子でそれ自身は分極していないが，臭素分子がアルケンのπ電子に近づくと，アルケンに近い臭素原子のまわりの電子はπ電子の反発で押しやられて正の電荷を帯びるが，反対側の臭素原子は負電荷を帯びる。臭素原子がアルケンの一方に付加すると同時に，付加した臭素原子の非共有電子対がもう一方の炭素と結合してブロモニウムイオンという三員環の中間体を形成する。このブロモニウムイオンに対して臭化物イオンが付加して生成物を与える。少々込み入っているが電子の動きも次図に示した。

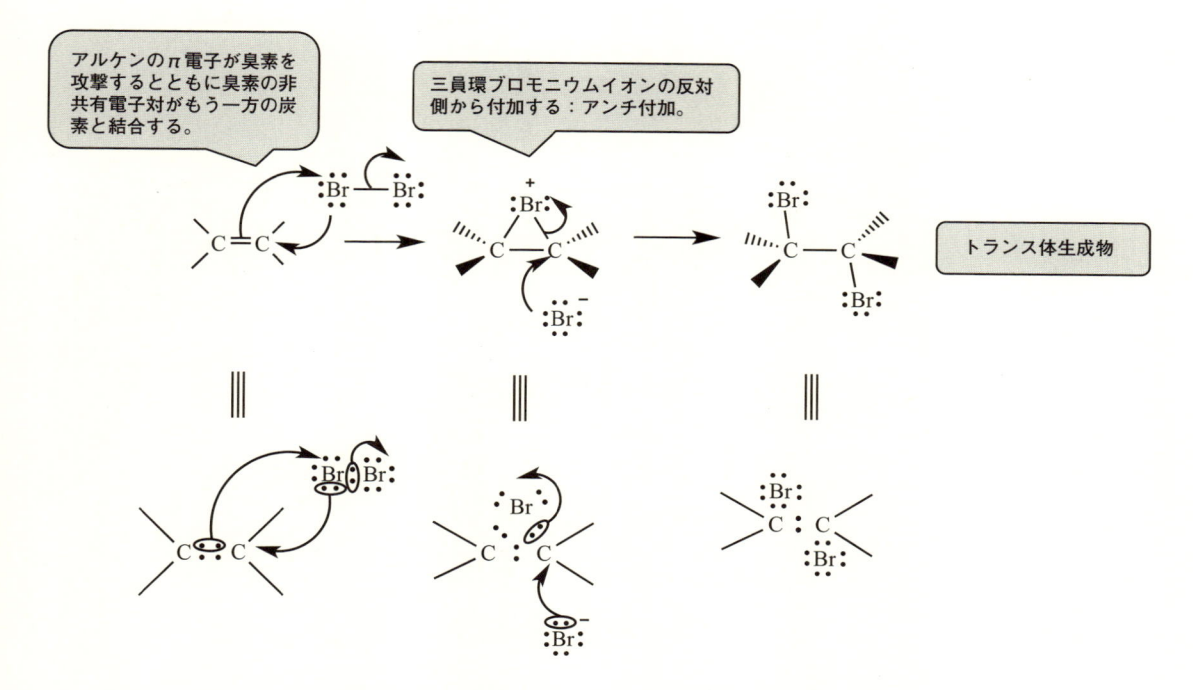

3 有機電子論による反応機構の表現

> アルケンのπ電子が臭素を攻撃するとともに臭素の非共有電子対がもう一方の炭素と結合する。

> 三員環ブロモニウムイオンの反対側から付加する：アンチ付加。

トランス体生成物

　ブロモニウムイオンの臭素は2つの結合を持っており，形式電荷は+1である。このようなブロモニウムイオンを経由する理由は，電子不足のカルボカチオンよりもすべてオクテットを満足しているブロモニウムイオンの方が安定であることによる。

カルボカチオン　よりも　ブロモニウムイオン　が安定。

　つぎに，この付加反応に伴う立体化学の問題について述べる。ブロモニウムイオンに対し，臭化物イオンが空間的に混雑していない反対側から攻撃することによりブロモニウムイオンが開環して付加物を与えるが，結果として，2つの臭素原子はお互いに反対側に付加することになる。これをアンチ付加といい，トランス体生成物を与える立体特異的反応となる。以下に立体化学を表現するために Fischer（フィッシャー）投影式で示したが，trans-2-ブテンと cis-2-ブテンに臭素を付加すると trans 体からはメソ化合物が，cis 体からはラセミ体が生成する。したがって，用いるアルケンの構造によって生成物の立体化学が異なる。このような生成物の立体化学を合理的に説明するためには，反応の中間体で回転できない固定された構造であるブロモニウムイオンの存在が必要で

Fischer 投影式

ドイツの化学者 Emil Fischer は四面体炭素原子の立体化学を紙面上に記述する方法を考案した。この表示法は，視覚的に三次元構造と結びつけることが容易なくさび形表示法と関連づけることができる。

くさび形表示

Fischer 投影式

分子を回して NH_2 と COOH が手前に位置するようにする。最も優先順位の低い（原子番号の小さな）原子団を上に位置するように書く。
くさびや点線を実線で書く。横線に結合した原子団は紙面よりも手前にあり，縦線に結合した原子団は紙面の向こう側にある。

ある。後に、特殊な条件下でブロモニウムイオンの存在がスペクトル的に確認されている。

> ブロモニウムイオンの反対側から臭素イオンが攻撃する際に、aとbの二通りの方法がある

> AとBはいずれも上下対称の形で、Aを上下に180°回転するとその鏡像であるBと同じになるので光学活性ではない。このような化合物をメソ化合物という。

> CとDは鏡像体の関係になる。

コラム2　植物と動物がつくる化学物質の構造：テルペン類とステロイド

メントールの清涼感やレモンの香りなど植物が産する香料にはなじみ深いものが多くある。これらはテルペン類と呼ばれる一連の化合物であるが、その化学構造はイソプレン則と呼ばれる規則に基づいており、炭素骨格はすべてイソプレン単位で構成されている。後に述べるように、生合成の過程でイソプレン単位を含んだリン酸誘導体を原料とするのがその理由である。さて、いくつかのテルペン類についてイソプレン則を見てみよう。メントール、リモネンおよびゲラニオールなどイソプレン単位が2個で炭素数10のものをモノテルペンという。イソプレン単位が3個で炭素数15のものをセスキテルペン、イソプレン単位4で炭素数20のものはジテルペンという。バラ油の主成分であるファルネソールはセスキテルペンで、我々

の目が光を感じるのに必要な視物質となる栄養素として不可欠のレチノール（別名ビタミンA）は炭素数20のジテルペンの1つである。さらに，ビタミンAの前駆体でニンジンなどに含まれるβ-カロテンは炭素数40でテトラテルペンといい，長い共役系を有する赤橙色の化合物である。

イソプレン

炭素数5のイソプレン単位

メントール
（ハッカ）

リモネン
（柑橘類）

ゲラニオール
（バラ, ゼラニウム）

ファルネソール
（バラ, レモングラス）

レチノールまたはビタミンA
（β-カロテンから生合成される）

β-カロテン
（黄緑色野菜）

さて，なぜイソプレン則にしたがってこのような多種のテルペン類がつくられるのであろうか。これは，イソプレン単位を有するイソペンテニル二リン酸をブロック単位としてテルペン類の生合成が始まるからである。その様子はカルボカチオンを含む化学で説明されている。はじめのイソペンテニル二リン酸からジメチルアリル二リン酸への異性化はカルボカチオンを経由するものであり，つぎの両者の結合によるC_{10}単位生成は$S_N 1$である。こうしてゲラニオールに代表されるC_{10}単位のモノテルペンが生成する。さらにイソプレン単位が増えてファルネソールなどのセスキテルペンやC_{30}単位のトリテルペンが形成される。

テルペン類の生合成

イソペンテニル二リン酸 (C_5)　　ジメチルアリル二リン酸 (C_5)

ゲラニル二リン酸 (C_{10})

ファルネシル二リン酸 (C_{15})　　トリテルペン (C_{30})

スクワレンという化合物も炭素数30のトリテルペンで，オリーブ油などの植物にも含まれるが，サメの肝油の主成分でもある。スクワレンは植物と動物の世界に股がる化合物である。このスクワレンからヒトのからだにも存在するステロイド類が形成される。以下に示すように，この過程は有機電子論で説明できる。はじめに，スクワレンは生合成過程で酸化されてオキシドスクワレンというエポキシドを生成し，このエポキシドへのプロトン化による開環の際にカルボカチオンを生じる。あとはドミノ式に環構造を形成してステロイド骨格ができあがる。オキシドスクワレンの鎖状構造が空間的にうまく折り畳まれてステロイド骨格ができやすいように配置している様子が興味深い。各種テルペン，スクワレン，ステロイドと炭素数が増えて段々と複雑になって行く様子は進化の過程を垣間みるようで面白い。

ステロイドの生合成

3-4　芳香族求電子置換反応

すでに脂肪族化合物の炭素上での求核置換反応について述べたが，ベンゼンなどの芳香族化合物においても置換反応が起こる。ところが，この場合には脂肪族の場合とは状況が大きく異なり，ベンゼン環のπ電子が反応するので，反応相手は求電子試薬になる。そのため芳香族求電子置換反応という。ベンゼンと求電子試薬（E^+）の反応について考える。ベンゼンが共鳴混成体として存在することは先に述べたが，反応機構を書くときにはそのうちの1つの極限構造式を用いる。

まず，すでに述べたアルケンへの求電子付加反応と同様に求電子試薬がベンゼン環に付加してカルボカチオンを生じるが，6π電子系のベンゼン環は大きな共鳴エネルギーをもつので（第2部で詳しく説明する），E^+が付加した炭素上のプロトンを脱離して置換ベンゼンが生成して6π電子系，すなわち，芳香環が復活する。結果としてベンゼン環上の水素が新たな原子団に置き換わっている。

なお，環内に生じたカルボカチオンには以下のような共鳴構造が書ける。

芳香族求電子置換反応における求電子試薬は数多くあり，その種類によってハロゲン化，ニトロ化，スルホン化，アルキル化などと呼ばれる。酸塩化物と塩化アルミニウムを用いるアシル化は特に Friedel-Crafts（フリーデル・クラフツ）反応という。これらの反応は有機合成化学のみな

らず，工業化学の分野においても極めて重要である。

さて，ベンゼン環上にあらかじめ置換基が存在している場合には，求電子試薬が付加する位置がその置換基の電子的性質の影響を受ける。すでに存在する置換基が電子供与性のとき，置換反応はオルト位，またはパラ位で起こる。このことは，置換反応がそれぞれの位置でおこなわれたときに生成するカルボカチオン中間体の安定性を考慮すれば説明できる。以下の共鳴構造において，オルト位，またはパラ位に付加したとき，Gが結合した炭素上に正電荷が位置する極限構造式があり，この正電荷は電子供与性置換基との相互作用によって分散されて，この中間体は安定化される。一方，メタ位での置換ではこのような効果はない。したがって，オルト位置およびパラ位への置換が有利となり，これを**オルト，パラ配向性**という。芳香族求電子置換反応では求電子試薬がベンゼン環のπ電子と反応するものなので，電子供与性置換基がベンゼン環に存在すると無置換ベンゼンよりも反応性は高くなる。電子供与性置換基としては，酸素原子や窒素原子などの非共有電子対をもつヒドロキシル基，アルコキシ基，アミノ基，およびアルキル基などがある。

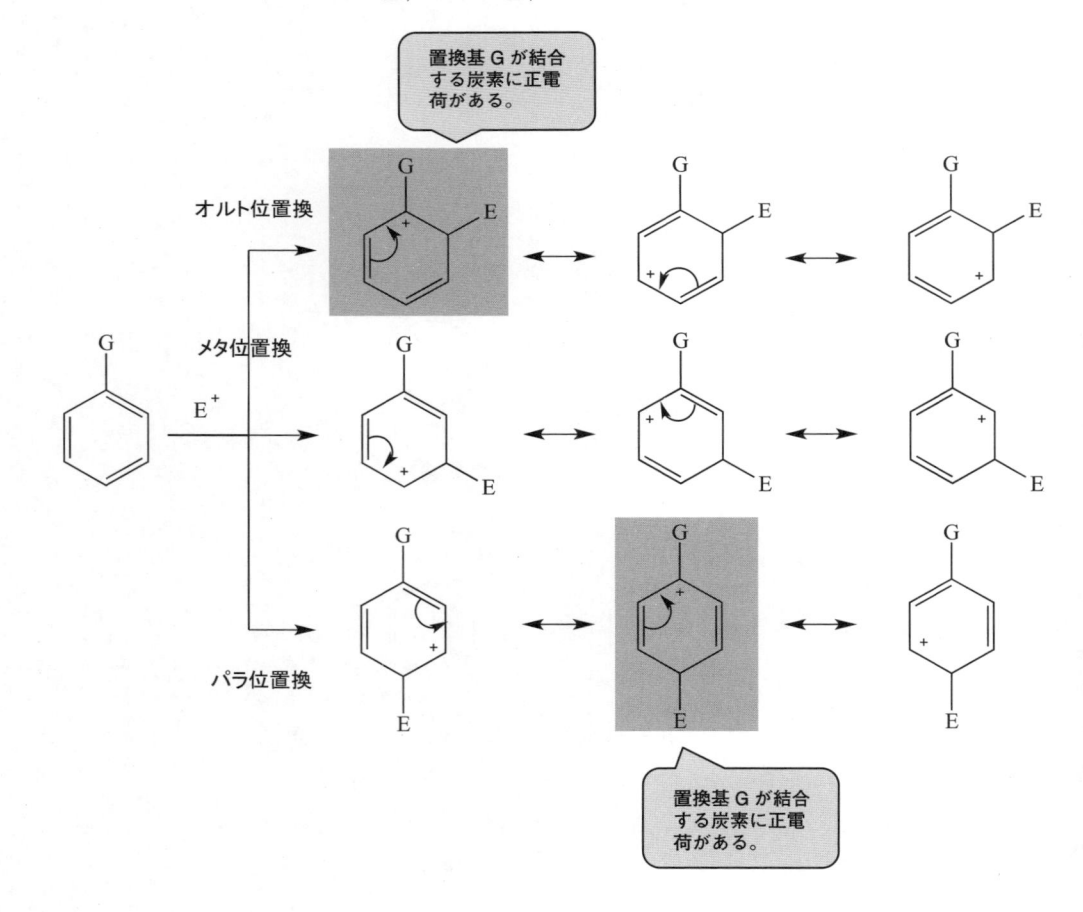

具体的に電子供与性の置換基である場合の正電荷の安定化を，メトキシ基を例にして以下に示す。カルボカチオン中間体はオキソニオウムイオンとの共鳴によって安定する。アルキル基についてはこのような電子の動きで示すことはできないが，アルキル基の電子供与性によって隣接する正電荷が分散し，カルボカチオンが安定化される。アルキル基の電子供与性は −I 効果（negative inductive effect）によるもので，アルキル基中の C-H 結合では炭素原子の方が水素原子よりも電気陰性度が大きいので σ 電子対の偏りを生じて炭素原子がわずかに負電荷を帯びていることによる。級数の大きなカルボカチオンの安定化の原理がここでも作用する。

一方，置換基 G が電子求引性基である場合には，G が結合している炭素上に正電荷が存在すると電気的な反発のため不安定化される。このため，オルト位，またはパラ位への置換は不利となって残りのメタ位に置換が起こる。これを**メタ配向性**という。ベンゼン環に電子求引性基が存在すると反応性が低下する。ニトロ基，スルホニル基，およびカルボニル基を含む官能基など，不飽和結合を有する原子団のほとんどが電子求引性基である。

ところで，ハロゲン置換基は芳香族求電子置換反応において特別な存在である。ハロゲンは電気陰性度が大きいので電子求引性基であるが，多くの非共有電子対をもつため逆にベンゼン環に電子が流れ込む効果があるので，オルト，パラ配向性となるが，無置換ベンゼンよりも反応性は劣る。

芳香族求電子置換反応において，電子供与性基を活性化基といい，ハロゲンを含めた電子求引性基を不活性化基という。

3-5 脱離反応

アルケンへの付加反応とは逆の過程，すなわち，脱離反応（Elimination reaction）では，アルコールやハロゲン化物から水やハロゲン化水素などの脱離によってアルケンが生成する。脱離反応においても求核置換反応のように幾つかの反応機構が存在し，酸触媒によるアルコールの脱水，あるいは塩基によるハロゲン化水素の脱離でそれぞれ反応機構が異な

る。おもに 3 種類の反応機構が存在し，酸触媒による脱水などのカルボカチオンを中間体とする $E1$，ハロゲン化アルキル等に塩基を作用させてアルケンを生ずる $E2$，カルボアニオンを経由する $E1cB$ に分類されるが，ここでは $E1$ と $E2$ について述べる。

酸触媒によって起こる脱離はカルボカチオンを経由する。以下は 2-メチル-2-プロパノール（*tert*-ブチルアルコール）の酸触媒による脱水反応の例である。

プロトンの付加によりオキソニウムイオン構造ができる。水分子として脱離する際に，C-O 結合電子対を持って出てゆく。

安定な三級カルボカチオンを生成する。カルボカチオンに隣接した炭素上の水素が結合電子対を置いてプロトンとして出てゆく。

曲がった矢印で示せば，以下のようになる。

この反応ではカルボカチオンの生成が律速段階で，反応速度は基質の濃度のみに依存するので 1 分子反応であり，*E*1（Unimolecular Elimination）という。カルボカチオンは S_N1 でも中間体として見られたが，この脱離反応では別の求核試薬が攻撃する代わりにカルボカチオンに隣接した C-H 結合からプロトンが脱離して残った電子対が二重結合生成に使われる。脱離の方向が複数あるときは熱力学的に安定な多置換アルケンが優先する。これを Saytzeff（ザイツェフ）則という。

一方，脱離反応においても *E*1 に対して **E2**（Bimolecular Elimination）がある。*E*2 では脱離を起こすための脱プロトンに塩基が必要で，反応速度は塩基と基質の両方の濃度に依存し，塩基によるプロトン引き抜きと脱離基の脱離が同時に起こる。一般式で示しておく。

脱離反応では一般にSaytzeff則にしたがって多置換アルケンが優先して生成すると述べたが，E2において脱離基がかさ高くなると置換基の少ないアルケンが優先する場合があり，これをHofmann（ホフマン）脱離，あるいはHofmann配向という。Saytzeff則と異なる理由は基質の構造に由来し，塩基が立体的に混み合っていない方向から近づいて脱プロトン化が起こることによる。水酸化 N, N, N-トリメチル-2-ブチルアンモニウムの例では，より立体障害の少ない方から水酸化物イオンが近づく経路 a で反応が進行し，1-ブテンのほうが 2-ブテンよりも優先生成物になる。

立体障害のより少ない a の方から水酸化物イオンが攻撃してプロトンを引き抜く。

例題 C

cis-4-tert-ブチルシクロヘキシルトシラートにエタノール中で塩基としてナトリウムエトキシドを作用させると 4-tert-ブチルシクロヘキセンを生じる。この反応の速度はトシラートとナトリウムエトキシドの両方の濃度に依存する。一方，trans-4-tert-ブチルシクロヘキシルトシラートを同条件下で処理すると反応はゆっくりと進み，4-tert-ブチルシクロヘキセンと 4-tert-ブチルシクロヘキシルエチルエーテルの混合物を与える。この時の反応速度はトシラートの濃度だけで決まる。なぜこのようになるのか，反応機構を立体化学が明らかになるように書いて説明しなさい（ヒント：tert-ブチル基は立体効果の大きな置換基なので，シクロヘキサンの一方の立体配座が優先する）。

[解答例]

はじめのものは強塩基を用いた E2 脱離反応である。E2 脱離反応では 2 つの p 軌道が並んだアルケンが生成するのに有利になるように立体化学が規制され，2 つの脱離基がトランスに位置しなければならない。また，シクロヘキサン環での脱離では隣接する 2 つの脱離基がともにアクシアル結合でなければならない。

第Ⅰ部 電子の動きで解釈する有機反応

　cis-4-tert-ブチルシクロヘキシルトシラートにおいてtert-ブチル基は極めてかさ高い置換基なので，ほとんどこの置換基がエクアトリアル結合の配座で存在する。このとき，トシル基はtert-ブチルに対してtrans位でアクシアル結合しているので，トランス脱離に都合がよく容易にアルケンを生成する。

　一方，trans-4-tert-ブチルシクロヘキシルトシラートでは，tert-ブチル基がエクアトリアル結合のとき，トシル基もエクアトリアル結合している。そのためトランス脱離は困難なので，$E1$脱離によって4-tert-ブチルシクロヘキセンを生じる。また，その競争反応であるS_N1が進行し，エトキシドアニオンの求核攻撃により4-tert-ブチル-シクロヘキシルエチルエーテルが生成する。

cis-4-tert-ブチルシクロヘキシル トシラート

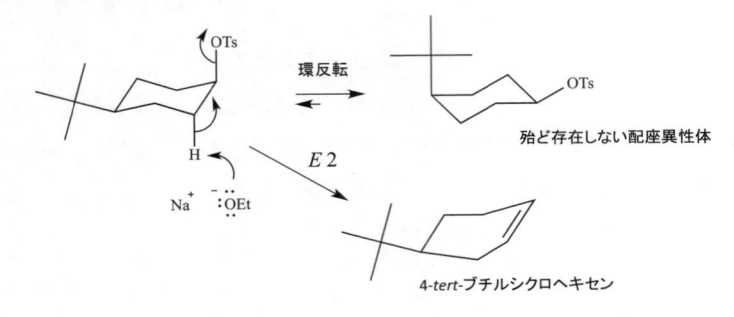

環反転

殆ど存在しない配座異性体

$E2$

4-tert-ブチルシクロヘキセン

trans-4-tert-ブチルシクロヘキシル トシラート

$E1$ or S_N1
$-^-OTs$

$-H^+$
4-tert-ブチルシクロヘキセン

$^-:\!OEt\ Na^+$

4-tert-ブチルシクロヘキシルエチルエーテル

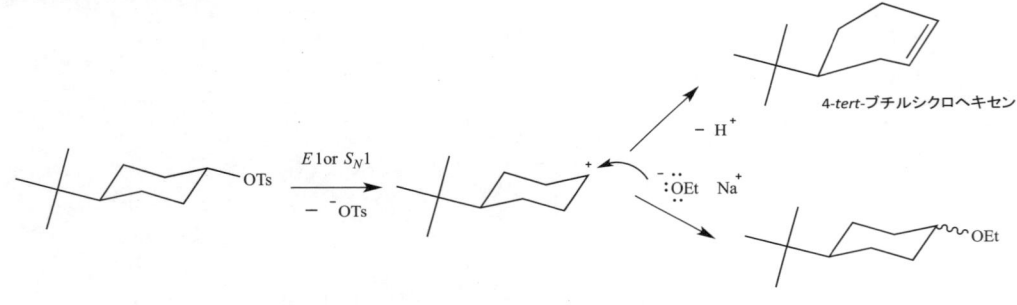

例題 D

　右に示した構造式をもつコニインと呼ばれる光学活性なアルカロイドに過剰のヨウ化メチルを反応させた後，酸化銀で処理すると主生成物として二重結合を含む光学活性なアミンが生成した。反応機構を示して生成物の構造を推定しなさい。なお，*は不斉炭素であることを示している。

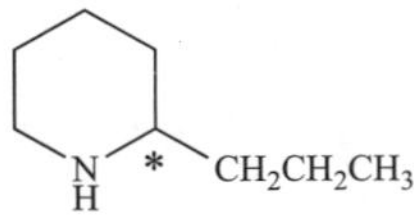

[解答例]
　コニインを過剰のヨウ化メチルでメチル化して第四アンモニウム塩が生成した後，酸化銀で処理すると，ヨウ素イオンは水酸化物イオンに置き換えられる。ここでただちに$E2$脱離の機構によるHofmann脱離が起こるが，水酸化物イオンが攻撃する可能性があるβ-水素は3種ある。以下にそれぞれ，H_a，H_b，H_cの各β-水素を攻撃した場合の反応機構とともに生成物の構造式を示した。このうち，不斉炭素を含むHofmann脱離生成物，すなわち主生成物である光学活性なアミンはH_aを攻撃して生成したものである。また，H_aの側から水酸化物イオンが近づく場合に立体障害が最も小さくなり，結果として最も置換基の少ない一置

換アルケンとなる。

H_a を攻撃したとき

H_b を攻撃したとき

H_c を攻撃したとき

主生成物

3-6 アルデヒド，ケトンへの求核付加反応

　カルボニル基が関わる反応は有機化学反応のうちの極めて重要な部分を占める。まず，アルデヒドおよびケトンのカルボニル基に対する付加反応について考える。分極のところでも述べたが，カルボニル基は炭素-酸素二重結合からなる官能基で，炭素原子は δ^+，酸素原子は δ^- に分極している。共鳴の考え方で記述すると，カルボニル基の共鳴構造のうち，電子が完全に偏った形の極限構造式では π 結合電子対が酸素原子上に移動したので，炭素原子は $+1$ の電荷を帯び，酸素原子は電子対を受取ったので -1 の電荷を帯びる。次の図で確認して欲しい。

カルボニル基に求核付加が行われる反応機構を書く際には、電子が偏った極限構造式の炭素上の正電荷に求核試薬が攻撃する形ではなく、求核試薬が C=O の炭素原子を攻撃すると同時に π 電子が酸素原子上に押し出されて付加物であるアルコキシアニオンを形成するように記述する。こうして生じたアルコキシアニオンは、水酸化物イオンの酸素原子と同様に sp^3 混成のオクテットを形成しており安定である。これを水で処理するとアルコールになるが、その最後の部分は水酸化物イオンがプロトンと結合して水になるのと同じである。アルデヒド、ケトンへ求核付加を行う求核試薬としては、Grignard 試薬やシアン化物イオンの他、アミン類など多くのものがある。

Grignard 試薬

Grignard 試薬はフランスの化学者 Victor Grignard が発見した有機金属化合物で、後年この発見によってノーベル化学賞（1912 年）を受賞した。Grignard 試薬はハロゲン化アルキルと金属マグネシウムをエーテル系溶媒中で反応させることによって調製されるが、2 分子のエーテル分子と錯体を形成して安定化する必要があるため、エーテル系の溶媒が必ず必要である。Grignard 試薬は単離することはできないので、溶液中で調製し、そのまま反応に使用する。また、Grignard 試薬 RMgX は水と容易に反応して炭化水素 RH を生じるので、反応は水分のない状態で行わなければならない。

Grignard 試薬（グリニヤール）の求核付加

Grignard 試薬（一般式：RMgX）におけるアルキル基 R は電気陰性度の小さなマグネシウムと結合しているため負電荷を帯び、炭素陰イオンのように振る舞ってカルボニル基に対して求核付加するので、非常に重要な炭素-炭素結合形成反応となる。Grignard 試薬がカルボニル基に付加する反応を Grignard 反応といい、生成したアルコキシアニオンは水で処理するとアルコールになる。

シアン化物イオンの求核付加

アルデヒド，ケトンへのシアン化水素の付加物はシアノヒドリンと呼ばれ，アミノ酸合成などに有用である。この反応では，塩基触媒存在下で生じるシアン化物イオンのカルボニル基への付加が可逆的に進行する。反応において可逆過程か不可逆過程かを決めるのは反応の平衡定数の大きさであり，反応前後のエネルギー差に依存する。カルボニル基への求核付加においては，可逆的に進行するものが多いので，このことに留意しておく必要がある。

$$\begin{array}{c}\diagdown\\ \diagup\end{array}\!\!C\!=\!\ddot{\underset{..}{O}} \;+\; {}^-\!:\!C\!\equiv\!N \;\rightleftarrows\; -\!\underset{|}{\overset{CN}{\underset{|}{C}}}\!-\!\ddot{\underset{..}{O}}{}^- \;\overset{H^+}{\rightleftarrows}\; -\!\underset{|}{\overset{CN}{\underset{|}{C}}}\!-\!\ddot{\underset{..}{O}}H$$

アセタール，ケタールの生成

アルデヒドまたはケトンとアルコールの反応では，酸触媒存在下で2分子のアルコールと反応してアルデヒドからはアセタール，ケトンからはケタールが生成する。この反応では，プロトンがカルボニル基の酸素原子に配位することにより強い求電子性をもつオキソニウムイオンを生じることから始まる。ここにアルコールの酸素原子が求核攻撃し，1分子のアルコールが付加したヘミアセタールが中間体として生成する。一般にヘミアセタールは不安定なので，もう1分子のアルコールとの反応が続く。ヘミアセタールのヒドロキシル基へのプロトン付加後，水分子が脱離して生じたオキソニウムイオンに第2のアルコール分子が付加してアセタールあるいはケタールになる。このアセタール，ケタール生成反応はすべて可逆過程で進行する。したがって，水が十分に存在すると，アセタール，ケタールは酸触媒存在下で水との反応によって，逆の過程を経て容易に加水分解され，もとのカルボニル化合物とアルコールになる。アセタール，ケタールは塩基性条件下では安定なので，合成反応においてカルボニル基の保護として利用されることが多い。

可逆過程と不可逆過程

Grignard試薬の付加が不可逆過程であるのに対し，シアン化物イオンの付加は可逆過程である。Grignard試薬の付加では非常に安定なアルコキシアニオンを生成することによって反応系が大きく安定化する，すなわち，反応は大きな自由エネルギーを放出する方向に進行するのに対し，シアン化物イオン付加ではもともと安定なシアン化物イオンを求核剤として用いるため反応の前後でのエネルギー差がより小さい。

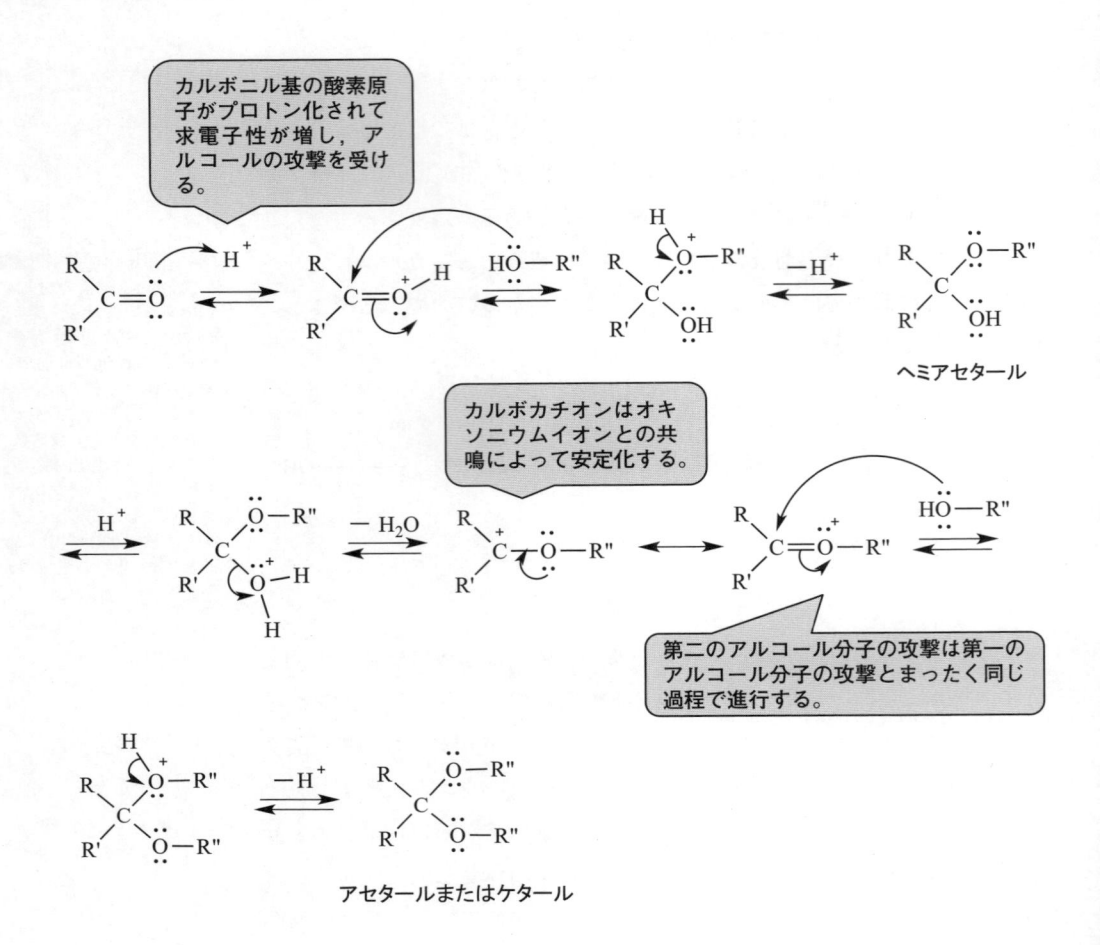

プロトン化カルボニル(オキソキウムイオン)へのアルコールの求核付加の様子をルイス式を交えて書くと以下のようになる。

イミンおよびエナミンの生成

つぎにアルデヒド，ケトンに対してアミン類が付加した場合について考えてみよう。希薄な酸触媒の存在下でケトン，アルデヒドに第1級アミンを反応させると，付加反応が起こったのちに水分子が脱離して炭素-窒素二重結合をもつイミンとなる。アミンがアルデヒドあるいはケトンに付加すると，カルボニル炭素に窒素原子団とヒドロキシル基が結合しているカルビノールアミンが生成するが，これはヘミアセタールと同様に非常に不安定である。酸触媒によりカルビノールアミンのヒドロキシル基がプロトン化され，水分子を脱離し，炭素−窒素二重結合をもつイミニウムイオンとなる。第1級アミンを用いた場合では窒素原子上に水素原子があるのでこれがプロトンとして除去されて最終的にイミンが生成する。酸触媒を用いているが，pH 4.5 ぐらいで最も反応がよく進行する。酸性が強すぎるとアミンと塩を形成してしまうため，アミンの求核性が無くなる。イミンの形成は，ヒドロキシルアミン（H_2NOH），フェニルヒドラジン（$PhNHNH_2$），セミカルバジド（$H_2NCONHNH_2$）などの反応性に富むアミン類で非常に効率よく起こり，それぞれ，生成するイミン類化合物のオキシム，フェニルヒドラゾン，セミカルバゾンなどは結晶性が高いので，現在のようにスペクトル分析が一般的でなかった頃には，既知の化合物との融点の比較によるアルデヒドやケトンの同定に利用された。

では，第2級アミンを用いた場合にはどのようになるであろうか。上記の反応機構のイミニウムイオンの生成までは同じであるが，この場合

にはイミニウムイオン上のプロトンの代わりにアルキル基が存在するのでイミン生成は不可能である。このとき，カルボニル基に隣接する炭素上に水素が存在すると，その水素がプロトンとして脱離して炭素-炭素二重結合を形成しエナミンを与える。エナミン（enamine）は二重結合を表すエン（ene）とアミン（amine）の合成語である。

> 反応系に共存するアミンが塩基として作

このようにして生成したエナミンは，合成中間体として重要である。以下に示すようにハロゲン化アルキルなどの求電子試薬に対し β 炭素が求核攻撃してイミニウムイオンとなり，これは容易に加水分解されてカルボニル化合物となるので，合成的にはカルボニル化合物の α 位炭素（イミンでは β 炭素であったが，カルボニル化合物では α 炭素となることに注意）のアルキル化などに利用される。

Wittig（ウィッティッヒ）反応

カルボニル基への求核付加のバリエーションとして，有機合成化学で重要なオレフィン形成反応であるWittig反応について述べる。Wittig反応はカルボニル化合物とホスホニウムイリドとの反応であるが，ホスホニウムイリドを生成させるために必要なアルキルホスホニウム塩はトリフェニルホスフィンのハロゲン化アルキルへのS_N2により合成される。ここではヨウ化メチルを使用した例を挙げる。

$$CH_3-I \;+\; ∙∙PPh_3 \longrightarrow CH_3-\overset{+}{P}Ph_3 \quad I^-$$

アルキルホスホニウム塩の正電荷を帯びたリン原子に隣接する炭素原子上の水素原子は酸性度が高くなっているので，強塩基によってプロトンが脱離してホスホニウムイリド（イリド：カチオンとアニオンが隣接した構造をもつ化学種）が生成する。イリドの炭素アニオンが反応相手のカルボニル炭素を求核攻撃して，ベタインと呼ばれる付加物を形成する。その後，酸素原子とリン原子の親和性が大きいため，酸素アニオンは正電荷を帯びたリン原子と結合してオキサホスフェタンという四員環中間体を形成する。この際に，リン原子は原子価殻拡張によって5価となっている。この四員環中間体が開裂する際に，付加したときとは異なる方向で開裂してアルケンとホスフィンオキシドが生成する。この反応は特定の位置に二重結合を導入するための優れた方法である。

> ホスホニウムイリド（上）とホスホラン（下）との共鳴混成体が存在する。ホスホランではリン原子は原子価殻の拡張により5価になっている。

> 酸素原子とリン原子の親和性が大きいので結合を形成し，オキサホスフェタン四員環中間体を形成する。ここでもリン原子は5価となっている。

$$\underset{}{\overset{H}{\underset{H_2C-\overset{+}{P}Ph_3}{}}} \xrightarrow{:B} \underset{H_2C=PPh_3}{H_2\overset{..-}{C}-\overset{+}{P}Ph_3} \xrightarrow{\overset{:\overset{..}{O}:}{\underset{R\;\;R'}{C}}} \underset{\text{ベタイン}}{\overset{R}{\underset{H_2C-\overset{+}{P}Ph_3}{\overset{|}{R'-C-\overset{..-}{O}:}}}} \longrightarrow \underset{\text{オキサホスフェタン}}{\overset{R}{\underset{H_2C-PPh_3}{R'-C-O}}}$$

$$\longrightarrow \underset{R'}{\overset{R}{}}{C}=CH_2 \;+\; Ph_3P=O$$

オキサホスフェタンが開裂するところの電子の動きは以下のとおりである。

アルドール反応（縮合）

さてここで，有機化学反応でも極めて重要な炭素-炭素結合生成反応について述べよう。アルドール反応，あるいはアルドール縮合と呼ばれる反応である。アセトアルデヒドを例にして考えてみよう。アセトアルデヒドに塩基を作用させると酸-塩基反応によりカルボニル基の隣の炭素上で脱プロトン化が起こりエノラートイオンを生じる。以前にも述べたように，エノラートイオンを共鳴構造で示すと，炭素原子上あるいは酸素原子上に負電荷が存在するように書けるが，実際には電気陰性度の大きな酸素原子の方に偏っている。ところが，もう一分子のアセトアルデヒドのカルボニル基に求核付加を行う際にはエノラートイオンの炭素上で反応が起こる。この理由の説明は少々難しいが，同じもの，似たものどうしが結合しやすいという原理があって炭素-炭素結合が生成しやすいことによるとしておく。この付加反応によって生成したオキシアニオンに水からのプロトンが付加してアルコールとなる。この生成物は構造上，アルデヒド（aldehyde）とアルコール（alcohol）の官能基を有しているので合成語としてアルドール（aldol）と呼ばれる。つまりアルドールが生成する反応なのでアルドール反応という。アルデヒドではなく，ケトンを用いた場合でもアルドール反応およびその生成物はアルドールと呼ぶ。

3 有機電子論による反応機構の表現

> エノラートイオンではケト型（左）とエノール型（右）の共鳴があり安定化する。

> エノラートイオンがもう1分子のアセトアルデヒドに求核付加する。

［反応機構の図：アセトアルデヒドからエノラートイオンを経てアルドールが生成する過程］

エノラートイオン

アルドール

　この反応は特に重要なので，エノラートイオンが他のアセトアルデヒドを攻撃するところをルイス式に照らし合わせて確認して欲しい。

［ルイス式による反応機構の詳細図］

　さて，反応生成物のアルドールでは，条件によっては水分子が容易に脱離してカルボニル基と共役することにより安定化した二重結合を形成し，α, β-不飽和アルデヒドあるいはケトンになる。このように，アルドールが脱水してα, β-不飽和アルデヒドあるいはケトンが生成するところまで反応が進行すればアルドール縮合という。アルドールの脱水は酸性条件下，塩基性条件下のいずれでも起こるが，通常のアルコールよりも容易に起こることから，脱水の反応機構ではカルボニル基の関与を考慮する。塩基性条件下ではエノラートイオンを経由する水酸化物イオン

57

の脱離，酸性条件下ではエノールにおけるヒドロキシル基のプロトン化による脱水を考える。

アルドールの塩基性条件下での脱水

> アルドールはα水素をもつので塩基の作用によりエノラートイオンを生成する。

> エノラートイオンのオキシアニオンから電子対が押し出されて水酸化物イオンが脱離する。

アルドールの酸性条件下での脱水

> アルドールのケト-エノール互変異性

アルドール反応ではカルボニル基の隣接位（α位）に水素原子が存在するもの，すなわちエノラートイオンが生成できるアルデヒドやケトンを用いれば様々な組み合わせが可能である。特に，異なるアルデヒド，ケトンを組み合わせる場合には混合アルドール反応あるいは混合アルドール縮合という。ただし，いずれのエノラートイオンが生成するかで反応物は数種の混合物となるので，単一の化合物を合成するためには，たとえば求核付加を受けるカルボニル化合物がエノラートイオンを生成しないもの，すなわちα水素をもたないベンズアルデヒドを使用するなど，組み合わせを工夫する必要がある。

例題 E

アルドール反応の生成物のアルドールはアルカリ性条件下で加水分解されて，もとの2つのカルボニル化合物に分解することがある。これを逆（レトロ）アルドール反応という。アセトンから生成したアルドールを例にしてレトロアルドール反応の機構を書きなさい。

（このようにアルドール反応は可逆的反応なので，用いる化合物によってはアルドール反応を促進させるために平衡を生成物側に偏らせるくふうが必要となる。一方，アルドールが脱水して安定なα, β-不飽和カルボニル化合物になれば，もとのアルデ

ヒド，ケトンには戻ることはない）

[解答例]
　アセトンのアルドール反応によって生成するアルドールは 4-ヒドロキシ-4-メチル-2-ペンタノンである。アルドールのヒドロキシル基の脱プロトン化により生じたオキシアニオンにおいて炭素-炭素結合が開裂してアセトンおよびそのエノラートイオンが生成する。水からプロトンを受け取って結果的に 2 分子のアセトンになる。結局，反応機構においてはアルドール反応の逆をたどっていることになる。

3-7　カルボン酸誘導体の求核アシル置換反応

　エステル，酸塩化物，アミドなどカルボン酸から誘導される化合物をカルボン酸誘導体といい，これらの化合物間の変換は，たとえば，カルボン酸からエステル，エステルからアミド，酸塩化物からアミドなどのように，いずれも置換反応によって他のカルボン酸誘導体に変換できる。これらの変換の反応機構は脂肪族置換反応とは異なってカルボニル基が関与するため，求核アシル置換反応という。この変換を一般式で示せば以下のようになる。出発物質と最終生成物を見る限り X と Nu が置き換わっただけのように見えるが，カルボニル基の sp^2 炭素原子は必ず正四面体構造の sp^3 中間体を経由して再び sp^2 炭素になる。

エステル化反応

　カルボン酸とアルコールから水分子が除去されてエステルが生じる反応は有機化学のなかでも最も重要なものである。酸触媒を用いたカルボン酸とアルコールの反応による一般的なエステル合成法は **Fischer エス**

*Emil Fischer
立体化学の表記法である Fischer 投影式を発案したのと同人物である。

テル化反応*と呼ばれる。はじめの段階はアセタール，ケタールの生成と同じくプロトン化されたカルボニル基に対するアルコールの求核付加であるが，カルボン酸ではヒドロキシ基が存在しているため，プロトン移動の後，水分子として脱離してエステルを生じる。この反応機構で重要な点は，生じたエステルのアルコール部位の酸素原子はアルコール分子由来のものであることで，酸素原子を同位体で標識したアルコール分子を反応に用いると，標識された酸素原子がすべてエステルのアルコール部位に存在することによってこの反応機構の正しさが証明されている。なお，このエステル化反応も可逆反応なので，平衡を生成物に偏らせるために過剰のアルコールを用いるか，または，副生する水を反応系外に除去する方法で行う。

エステルの加水分解（けん化）

エステルの生成とともにその加水分解の反応機構も重要で，アルカリ性条件下での加水分解をけん化ともいい，高級脂肪酸エステルを用いた石けんなどの生産で工業的に行われている。けん化は水酸化物イオンによるエステルのカルボニル基への求核付加によって始まる。生じた sp^3 中間体のオキシアニオン上の電子対が降りてきてカルボニル基となる際にアルコキシアニオンを追い出してカルボン酸を生成する。ここで，エステルに較べてカルボン酸のカルボニル炭素の求電子性が低いこと，また，カルボン酸の方がアルコールよりも酸性度が格段に大きく直ちにプロトンを交換して安定なカルボキシラートイオンとアルコールになることからアルカリ性条件下での加水分解は途中から不可逆反応となる。

[反応機構の図：水酸化物イオンがエステルのカルボニル基を攻撃してsp³中間体を生成し、その後アルコキシドイオンが脱離してカルボン酸とアルコキシドとなり、酸塩基反応によりカルボキシラートアニオンとアルコールになる。さらに酸性条件下でH_3O^+によりカルボン酸となる過程を示す。吹き出し：「水酸化物イオンがカルボニル基を攻撃しsp³炭素になる。この過程は可逆反応である。」「酸塩基の反応により塩基性条件下ではカルボン酸イオンとアルコールになる。」「酸性にしてカルボン酸となる。」中間体は「sp³ 中間体」とラベルされている。]

エステルの加水分解において sp³ 中間体を経由することの証明

さて，求核アシル置換反応ではカルボニル炭素上で $S_N 2$ のように直接置換する機構ではなく，sp³ 中間体を経由するとはじめに述べた。エステルのけん化を舞台として，この反応機構の証明について述べてみる。実験そのものは比較的簡単で，カルボニル酸素を同位体酸素 ^{18}O で標識したエステルをアルカリ性水溶液中で加水分解をおこなうと，溶媒として用いた水に同位体を含む $H_2{}^{18}O$ が検出されたというものである。この実験事実からどのようにして sp³ 中間体を経由する機構が正しいことを説明できるのであろうか。まず言えることは，エステルのアルコキシ基と水酸化物イオンとの $S_N 2$ のような直接的な置換では，酸素同位体はすべて加水分解によって生じたカルボキシラートアニオンに含まれるはずなので，溶媒中に $H_2{}^{18}O$ が検出されることはない。一方，水酸物イオンがエステルのカルボニル基に求核付加を行って sp³ 中間体のオキシアニオンが生成すると考えよう。このオキシアニオンでは以下に示すような sp³ 中間体 I, II, III の間の平衡が考えられる。ここで，アルコキシアニオンが追い出されて ^{18}O を含むカルボン酸を生成する過程の他に，I から水酸化物イオンが脱離してもとのエステルに戻る可逆過程も存在する。一方，I, II, III の間の平衡で生じた III から同位体で標識された水酸化物イオンが押し出されて $^{18}OH^-$ が放出されることも可能である。この $^{18}OH^-$ は水との平衡反応によってプロトン交換して $H_2{}^{18}O$ となる。したがって，$H_2{}^{18}O$ が検出されたという事実は sp³ 炭素中間体のオキシアニオン I および III が生成していることを示している。I と III のあいだにはジヒドロキシ中間体 II が存在するであろう。このようにして，sp³ 中間体を経由する反応機構が確立された。

第Ⅰ部 電子の動きで解釈する有機反応

> 反応溶媒の水に $H_2{}^{18}O$ が検出されるためには中間体としてⅢが存在しなければならない。中間体ⅠとⅢはエネルギーは同じであり，両者の間にはⅡを経由した平衡が存在するはずである。

> 上の平衡で生じた同位体標識水酸化物イオンは水との平衡で同位体標識された水となる。

このエステルのけん化の他にも求核アシル置換反応ではいずれの場合においても sp^3 中間体を経由する。

例 題 F

エステルの酸加水分解は，Fischer エステル化反応の逆の反応過程である。酢酸エチルを例にして酸加水分解の反応機構を書きなさい。一方，酢酸 tert-ブチルの酸加水分解では通常のエステルの酸加水分解とは異なり，カルボニル炭素とエーテル型酸素の結合ではなく，アルコール部位の tert-ブチル基の炭素とエーテル型酸素の結合が開裂するという。この特殊なエステルの酸加水分解の機構を書き，なぜそのようになるのか説明しなさい。

[解答例]

以下の a) は酢酸エチルの酸加水分解の機構で，酸触媒存在下でプロトン化されたカルボニル炭素に対して水を求核試薬とするアシル求核置換反応である。この機構を逆にたどれば Fischer エステル化反応の機構になる。この加水分解ではカルボニル炭素とエーテル型酸素との結合が開裂する。一方，b) の反応は求核アシル置換反応ではなく，エーテル型酸素と tert-ブチル基の炭素との結合が開裂して酢酸と安定な3級カルボカチオンである tert-ブチルカチオンが生成する。反応は S_N1 で進行し，tert-ブチルカチオンと水との反応で tert-ブチルアルコールを生じる。プロトン化されたカルボニル炭素に水が攻撃するよりも，安定な tert-ブチルカチオンを生成することが優先する特殊な例である。

エステル縮合（Claisen 縮合）

　さきにアルドール縮合について述べたが，類似の反応としてエステル縮合がある。この反応は発見者の名を取って Claisen（クライゼン）縮合とも呼ばれる。アルドール縮合で述べたエノラートイオンがエステルに対して求核アシル置換をおこなう反応がエステル縮合である。エノラートイオンとしてはアルデヒドやケトンからのものだけでなく，α水素をもつエステルも強塩基の作用によってもエノラートイオンを生成し，別のエステル分子に対して求核アシル置換反応を行う。エステル縮合の代表的な例は酢酸エチルどうしの縮合反応である。酢酸エチルにエタノール中ナトリウムエトキシドを作用させると，まず酢酸エチルのエノラートイオンが生成し，これがもう1分子の酢酸エチルに対して求核アシル置換反応を行う。以下に反応機構を示す。ここで重要なのは，一連の過程は可逆的であるが，最終的に2つのカルボニル基によって安定化される1,3-ジカルボニル化合物のエノラートイオンに落ち着くので不可逆反応となることである。反応終了後に酸処理することによってアセト酢酸エチルが得られる。

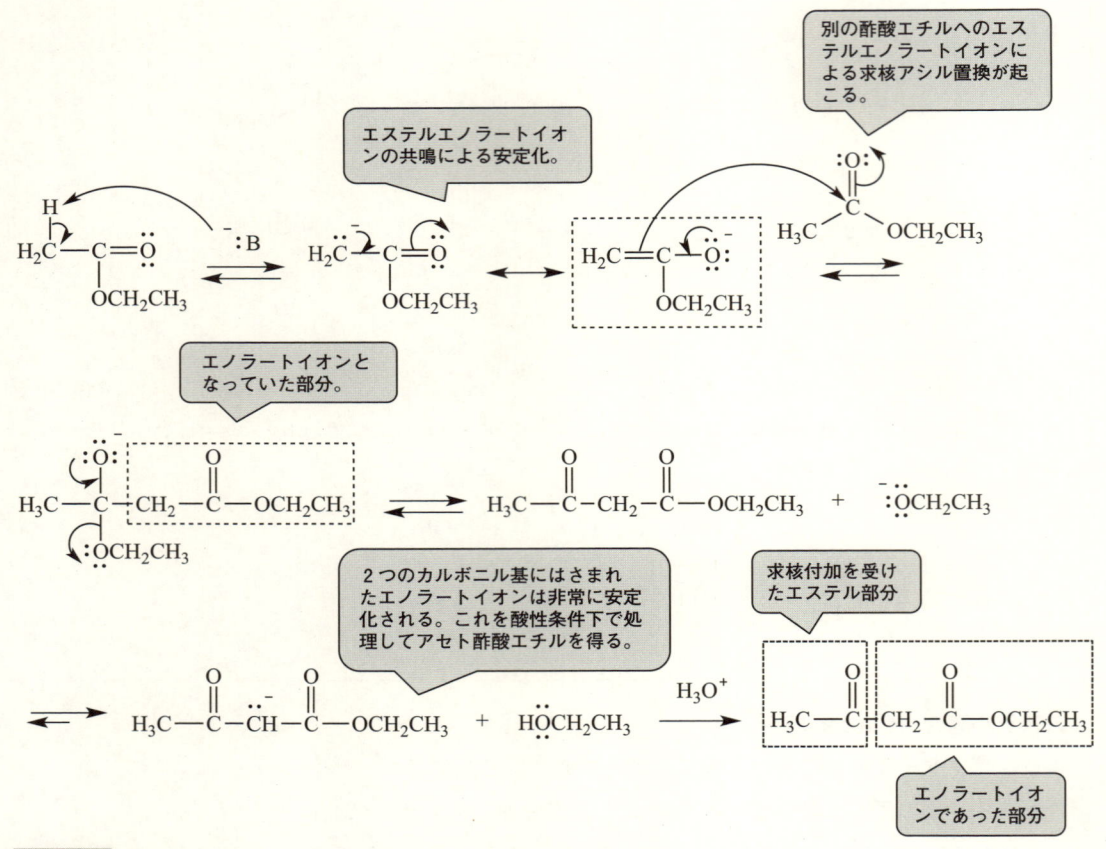

第Ⅰ部 電子の動きで解釈する有機反応

> 別の酢酸エチルへのエステルエノラートイオンによる求核アシル置換が起こる。

> エステルエノラートイオンの共鳴による安定化。

> エノラートイオンとなっていた部分。

> 2つのカルボニル基にはさまれたエノラートイオンは非常に安定化される。これを酸性条件下で処理してアセト酢酸エチルを得る。

> 求核付加を受けたエステル部分

> エノラートイオンであった部分

例 題 G

ヘプタン二酸ジエチルにエタノール中でナトリウムエトキシドを作用させると，分子内でエステル縮合が起こる。反応機構を書きなさい（分子内エステル縮合を Dieckmann：ディークマン縮合という）。

[解答例]

3-8 転位反応

　転位反応はアルキル基やアリール基などが別の原子上に移動するため，反応物とは全く異なる骨格をもつ分子を形成する。ここでは，代表的な転位反応として，ピナコール転位などのカルボカチオンの転位，Beckmann転位，Hofmann転位他について述べる。いずれも工業化学で重要な転位反応である。

ピナコール転位

　アルコールの脱水やアルケンへのハロゲン化水素の付加ではカルボカチオンを中間体として生成することはすでに述べた。その際に，構造上可能であればアルキル基などの原子団が転位してより安定なカルボカチオンを生成する方向に反応が進行する。古くからよく知られたカルボカチオンの転位の代表例はピナコール転位である。これはピナコール（2,3-ジメチル-2,3-ブタンジオール）と呼ばれる1,2-ジオールが酸性条件下で転位を起こし，ピナコロン（3,3-ジメチル-2-ブタノン）を与える反応である。プロトン化したヒドロキシル基が水分子として脱離し，生じたカルボカチオンへ隣接した炭素上のメチル基が電子対をもってカルボカチオン上へ移動する。ここで，メチル基は隣のカルボカチオンに転位するので1,2-転位ともいう。新たに生じたカルボカチオンはオキソニウムイオンとの共鳴のため転位前のカルボカチオンよりも安定化されている。最後に脱プロトン化によってピナコロンになる。

メチル基が転位するところの電子の動きは以下の通りである。

その他のカルボカチオンの転位

　カルボカチオンは様々な反応における中間体として考えられているが，それらの反応の際に用いる基質に応じた転位生成物が得られたことにより，逆にその反応においてカルボカチオンを経由することの証拠となって反応機構が立証された例も多い。転位を伴う反応のもう1つの例として，ネオペンチルアルコールを塩酸で処理したときのS_N1および競争反応として並行する$E1$を例に挙げる。ヒドロキシル基のプロトン化により水分子が脱離して生じた1級カルボカチオンの炭素上にメチル基が転位して安定な3級カルボカチオンが生じる。このカルボカチオンに対して塩化物イオンが求核攻撃するS_N1によって塩化アルキルが生成するとともに，一方で競争反応として$E1$が起こることによってアルケンが生じる。競争反応を伴う場合，生成物の比率は基質の構造や反応条件に依存する。

> 水分子が脱離して1級カルボカチオンを生じる。

$$H_3C-\underset{\underset{CH_3}{|}}{\overset{\overset{CH_3}{|}}{C}}-CH_2-\ddot{\underset{\cdot\cdot}{O}}H \xrightarrow[-Cl^-]{H-Cl} H_3C-\underset{\underset{CH_3}{|}}{\overset{\overset{CH_3}{|}}{C}}-CH_2-\overset{+}{\underset{\cdot\cdot}{O}}H_2 \longrightarrow H_3C-\underset{\underset{CH_3}{|}}{\overset{\overset{CH_3}{|}}{C}}-\overset{+}{C}H_2$$

> カルボカチオンに隣接するメチル基が転位してより安定な3級カルボカチオンになる。

> 転位を伴う S_N1 生成物。

$$\longrightarrow H_3C-\underset{+}{\overset{\overset{CH_3}{|}}{C}}-CH_2-CH_3 \begin{array}{c} \xrightarrow{Cl^-} H_3C-\underset{\underset{Cl}{|}}{\overset{\overset{CH_3}{|}}{C}}-CH_2-CH_3 \\ \\ \xrightarrow{-H^+} \underset{H_3C}{\overset{H_3C}{>}}C=CH-CH_3 \end{array}$$

> $E1$ 脱離反応によるアルケンの生成。

　カルボカチオンの転位は石油化学においても非常に重要である。石油の接触分解は，酸触媒（固体酸）存在下，高温条件下によって行われ，石油の主成分である直鎖アルカンからより枝分かれの多いアルカン（イソアルカン）や芳香族炭化水素が生成し，イソアルカンの含量が多いものは高オクタン価ガソリンとなる。イソアルカンは，燃焼，すなわち酸素とのラジカル反応が効率よく進行する。

反応系中に生じた反応性の高いアルキルカチオン（メチルカチオンなど）が鎖状アルカンのメチレン鎖から水素陰イオン（ハイドライド）を引き抜き，2級カルボカチオンが生成する。

メチル基の転位によっていったん不安定な1級カルボカチオンを生成するが，ただちに1,2-ハイドライドシフトによって3級カルボカチオンに移行する。

別の鎖状アルカンからハイドライドを引き抜き，枝分かれ構造のイソアルカンとなる。

3級カルボカチオン。

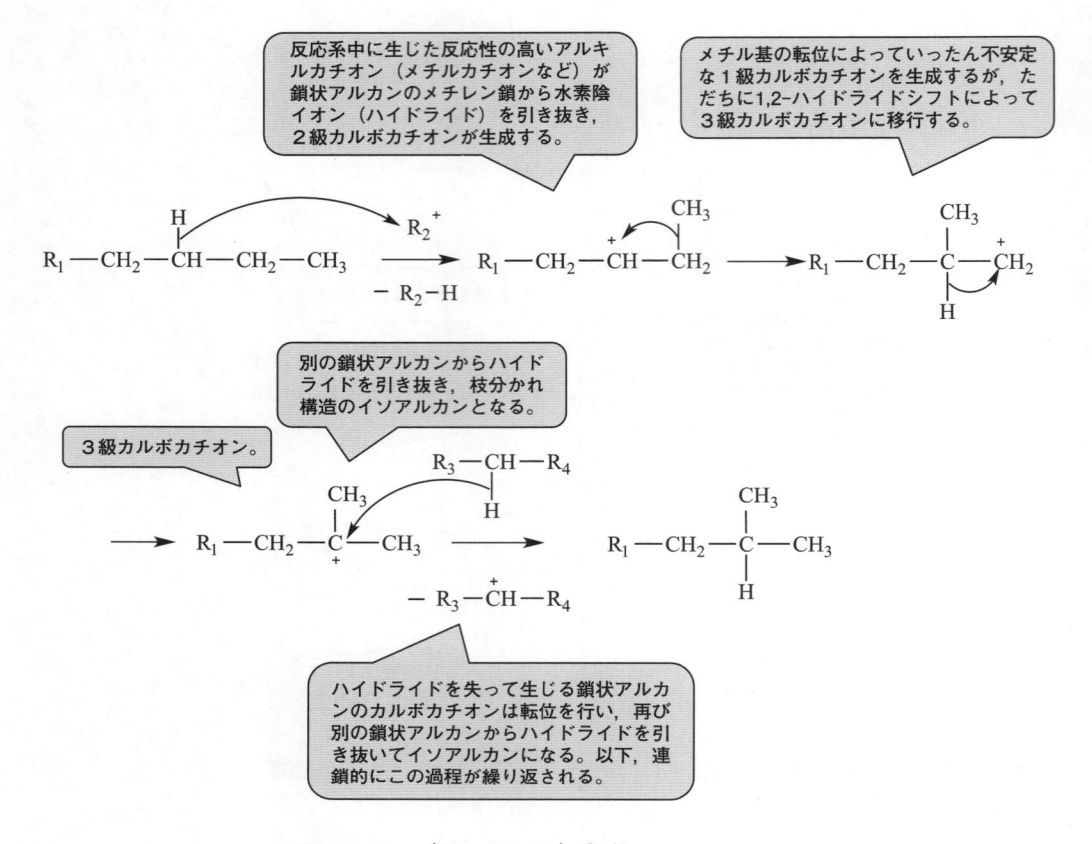

ハイドライドを失って生じる鎖状アルカンのカルボカチオンは転位を行い，再び別の鎖状アルカンからハイドライドを引き抜いてイソアルカンになる。以下，連鎖的にこの過程が繰り返される。

Beckmann（ベックマン）転位

　工業化学において重要な6-ナイロンの合成工程にはBeckmann転位が含まれている。Beckmann転位はオキシムが酸性条件下でアミドに変換する反応である。工業化学では，おもにベンゼンを原料として合成されるシクロヘキサノンとヒドロキシルアミンとの反応によって得られるシクロヘキサノンオキシムのBeckmann転位でε-カプロラクタムが生成し，この環状アミドが開環重合して6-ナイロンになる反応工程が重要である。まず一般式を使ってBeckmann転位を見てみよう。オキシムのヒドロキシル基にプロトンが付加して水分子が脱離すると窒素原子は電子不足になるので，同時にイミン炭素上のアルキル基が結合電子対を持って転位する。アルキル基が転位して結合電子対を失った炭素原子はカルボカチオンとなるが，ここに水分子が反応して，最終的にアミドになる。転位の際には，水分子の脱離とアルキル基の転位は同時に起こり，しかもヒドロキシル基と反対側（アンチの位置）にあるアルキル基が転位する。

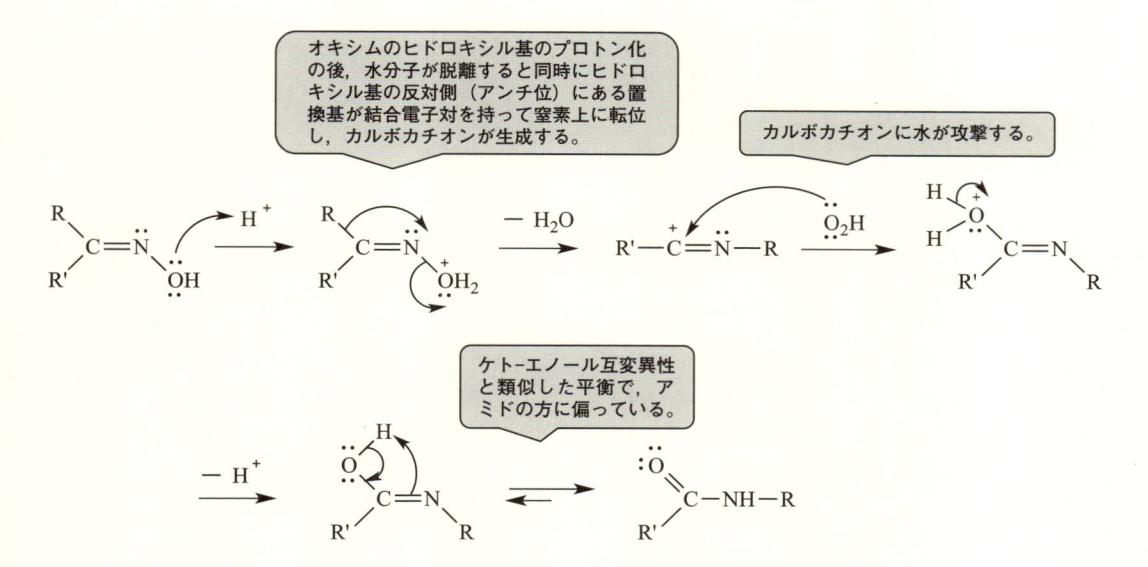

> オキシムのヒドロキシル基のプロトン化の後，水分子が脱離すると同時にヒドロキシル基の反対側（アンチ位）にある置換基が結合電子対を持って窒素上に転位し，カルボカチオンが生成する。

> カルボカチオンに水が攻撃する。

> ケト-エノール互変異性と類似した平衡で，アミドの方に偏っている。

水分子の脱離とともにRが転位するところをルイス式で書いておく。

次に，シクロヘキサノンオキシムを用いた場合について考えてみよう。水分子の脱離までは一般式で述べたものと同じであるが，転位するアルキル基は環を形成しているので，これが窒素原子上に移動すると環拡大により七員環となり，結果として七員環アミド，すなわち，ε-カプロラクタムが生成する。このε-カプロラクタムは開環重合によって6-ナイロンとなる。

環状オキシムなので環拡大が起こる。

ε-カプロラクタム

Beckmann 転位はε-カプロラクタムの生成までで、これが開環重合により6-ナイロンになる。

6-ナイロン

Hofmann（ホフマン）転位と Curtius（クルチウス）転位

Hofmann 転位はアミドにアルカリ性で臭素を作用させて炭素数の1つ少ないアミンへ変換する反応である。ただし、臭素を使用するが、生成物に臭素原子は含まれない。反応機構は少々複雑であるが、窒素原子上に原子団が転位する過程は Beckmann 転位とよく似ている。まず水酸化物イオンによってアミドの窒素原子上の水素が引き抜かれてアミドアニオンが生じ、続いて臭素化により、比較的不安定な窒素-臭素結合ができる。再び水酸化物イオンの作用によってアミドアニオンが生成し、アミドアニオンの共鳴構造中のオキシアニオンにおいて、臭素イオンが脱離するのと同時に炭素上の置換基が窒素上に転位する。この転位の部分は Beckmann 転位の機構と同様である。このときオキシアニオン上の電子も降りてきてカルボニル基となるが、カルボニル炭素が同時にイミン炭素となる構造をもつイソシアナートを中間体として生成する。イソシアナートは水と直ちに反応して、不安定なカルバミン酸となり、最後にアミンと二酸化炭素に分解する。最初と最後の化合物の構造から考えると、アミドからカルボニル基が除去された炭素数の1つ少ないアミンが生成したことになる。通常、アミドがカルボン酸から合成されることを考慮すれば、カルボン酸から炭素数の1つ少ない第一級アミンを合成する方法といえる。

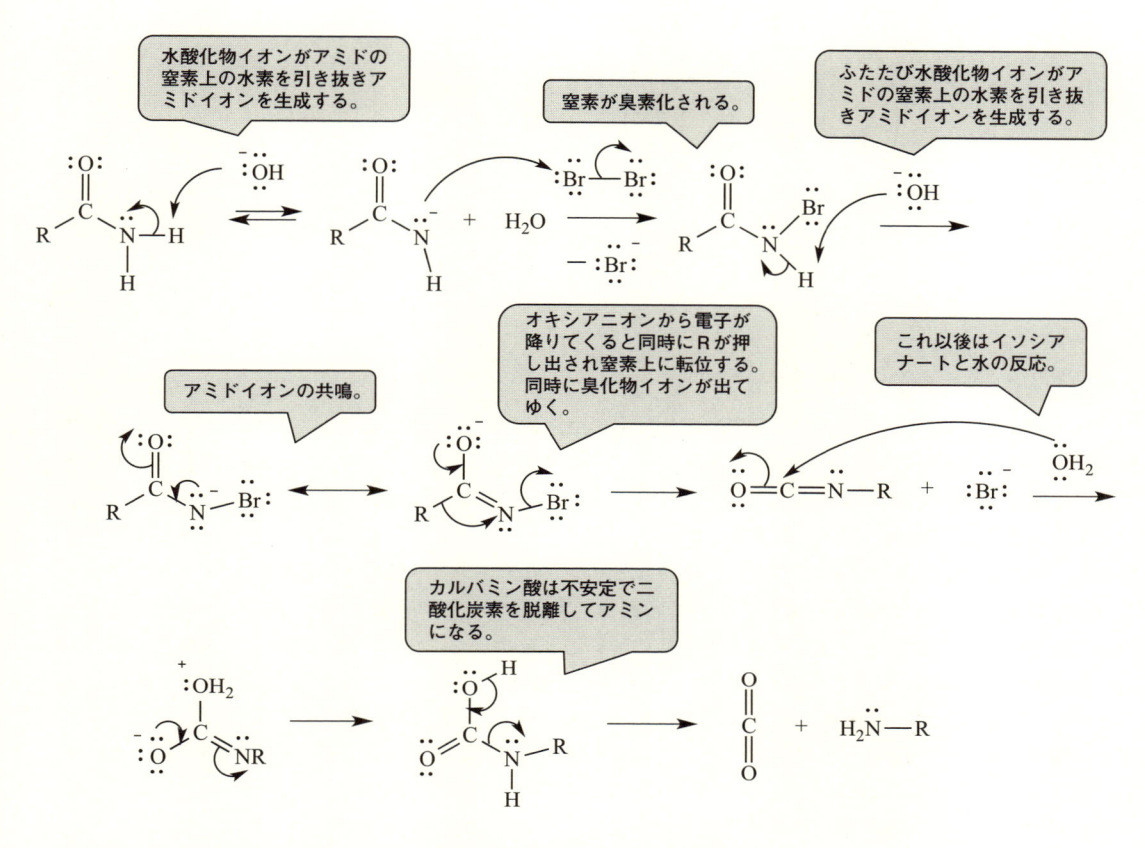

3 有機電子論による反応機構の表現

> 水酸化物イオンがアミドの窒素上の水素を引き抜きアミドイオンを生成する。

> 窒素が臭素化される。

> ふたたび水酸化物イオンがアミドの窒素上の水素を引き抜きアミドイオンを生成する。

> アミドイオンの共鳴。

> オキシアニオンから電子が降りてくると同時にRが押し出され窒素上に転位する。同時に臭化物イオンが出てゆく。

> これ以後はイソシアナートと水の反応。

> カルバミン酸は不安定で二酸化炭素を脱離してアミンになる。

Rが転位してイソシアナートが生成する部分をルイス式で示す。

Curtius 転位は酸アジドの反応で Hofmann 転位と同じくイソシアナートを中間体としてアミンが生成する反応である。酸アジドは酸塩化物とナトリウムアジドとの反応で生成し，Hofmann 転位における臭化物イオンのかわりに窒素分子が脱離する。Curtius 転位を水を使わない条件で行うとイソシアナートが単離できる。また溶媒にアルコールを使用すればイソシアナートとアルコールとの反応によってカルバミン酸エステル（ウレタン）が生成する。

$$\left(\begin{array}{c} \text{R-C(=O:)-Cl} \end{array} \xrightarrow[-\text{NaCl}]{\text{NaN}_3} \text{R-C(=O:)-N}^- \text{-}\overset{+}{\text{N}}\text{=N:} \longleftrightarrow \text{R-C(-O:}^-\text{)=N-}\overset{+}{\text{N}}\text{=N:} \right)$$

$$\longrightarrow \quad \ddot{\text{O}}\text{=C=}\ddot{\text{N}}\text{-R} \quad + \quad \text{N}_2$$

コラム3 非古典的カルボカチオン

カルボカチオンは脂肪族求核置換反応や転位反応の中間体として重要であるが、これをめぐって有機化学の歴史のなかで大変有名な学術的論争があった。「非古典的カルボカチオン」という概念が提案され、その存在に関する論争である。

ピナコール転位で説明したが、不安定なカルボカチオンが生じると隣接したメチル基が転位してより安定なカルボカチオンを生じる。このような隣接したカルボカチオン上へのメチル基の移動を 1,2-シフトという。G.Wagner と H.Meerwein は、メチル基と同様に水素やフェニル基などが 1,2-シフトして安定なカルボカチオンを生じる転位が多くの化合物で見られることを明らかにしたので、これらの転位反応を総称して Wagner-Meerwein 転位ともいう。ピナコール転位も Wagner-Meerwein 転位のうちの 1 つである。

さて、S.Winstein は、通常我々がカルボカチオンといっている 3 価の炭素の陽イオンの他に、メチル基が橋かけ構造となって炭素が 5 価で安定化している非古典的カルボカチオンというものの存在を唱えた。一方、これに対して、有機ホウ素化合物の研究（特にヒドロホウ素化）でノーベル化学賞を受賞した H.C. Brown はそのような非古典的カルボカチオンは存在せず、2 つのカルボカチオンがすばやく行き来していると主張した。わかりやすい例を図で示す。

Winstein が提唱した非古典的カルボカチオン　　　Brown が主張したカルボカチオン

Winstein が非古典的カルボカチオンを提唱したのは 2-ノルボニルブロシラートから生成するカチオンにおいてである。つまり、ブロシラートイオンが脱離して生じるカルボカチオン A に上記のような橋かけ構造をもつ非古典的カルボカチオン構造を適用すると B となるが、これは C のようにも書ける。

A　　B　　C

非古典式カルボカチオン

対する Brown は膨大な実験を行ない，下図のように 2 つのノルボニルカチオンが平衡にあると反論した。

他の化学者も交えた激しい論争が続いた後，G.Olah は超強酸を用いてカルボカチオンを安定化することにより，核磁気共鳴（NMR）スペクトルによってカルボカチオンを測定する方法を確立して，非古典的カルボカチオンが存在する強い証拠を提示した。Brown もこの結果を受け入れて約 30 年にわたった論争は落着した。Olah は，ある論文で非古典的カルボカチオンの論争を振り返って「科学者の持つべきは好敵手」と書いている[1]。

かつてはカルボカチオンのことを一般的にカルボニウムイオン（carbonium ion）といっていたが，オニウム onium を語尾とするカルボニウムイオンは，アンモニウムイオン（4 価）やオキソニウムイオン（3 価）などのように 5 価の非古典的カルボカチオンのことを示すもので，通常の 3 価のカルボカチオンは 2 価の炭素種であるカルベン（carbene：—C̈—）に結合手が 1 つ増えたものであるという意味でカルベニウムイオン（carbenium ion）と呼ぶべきとされた。しかしながら，このような区別は非古典的カルボカチオンのことを知ったうえで使用されるべきものであるので，混乱を避けるためにカルボカチオンというようになってきている。

つい最近の 2013 年にはドイツおよび米国の化学者らが，極低温下（40K）の特殊な条件下でノルボニルカチオンの塩の X 線による構造解析に成功し，その結果が Science 誌に掲載された[2]。そこでノルボニルカチンが非古典的カルボニルカチオンの構造をもつことが明らかにされ，動かしようのない証拠が示された。

非古典式ノルボニルカチオンの結晶

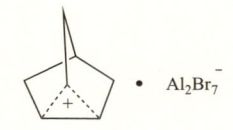

· $Al_2Br_7^-$

参考文献：1) G.Olah, *J. Org. Chem.* 2005, *70*, 2413-2429.
2) F.Scholz, D.Himmel, F.W.Heinemann, P.v.R.Schleyer, K.Meyer, I.Krossing, *Science*, 2013, 341, 62-64.

第II部

分子軌道で解釈する有機反応

1 Schrödinger 波動方程式の導出

　最近のおもな有機化学の教科書では，Diels-Alder（ディールス-アルダー）反応や共役 π 電子系化合物の異性化反応を分子軌道による解釈で扱っている。その際に，以下に示すような分式軌道図が出てくる。

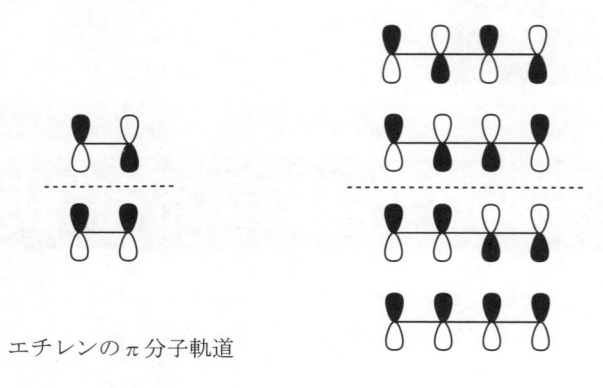

エチレンの π 分子軌道

ブタジエンの π 分子軌道

　ここに示したのは，エチレンと 1,3-ブタジエンの sp^2 混成に関与しない p 軌道のみを考慮した π 分子軌道である。この π 分子軌道の図は，Schrödinger（シュレーディンガー）波動方程式にもとづいた π 電子系 Hückel（ヒュッケル）分子軌道法に適用して，各分子について計算した結果得られたものである。有機化学の教科書では，このような π 分子軌道がどのようにして求められるのかについてはその範疇を超えてしまうので説明されることはほとんどないが，この図の由来をたどってみることは分子軌道を使って解釈する有機化学反応をより深く理解するために無駄ではないと思う。この章を読み進んで行けば，有機化学と量子化学が融合するこの分野において，有機化学反応が美しく数学と結びつけられることを知ることができるであろう。
　では，まず始めに Schrödinger の波動方程式の最も簡単な導出を試みる。

1-1　正弦波の関数から古典的波動方程式の導出

　Schrödinger の波動方程式は，微分方程式の形で示される波動関数に

Einstein-de Broglie（アインシュタイン–ド・ブローイ）の物質波の概念を導入したものである。

まず始めに簡単な波の式，正弦波から出発しよう。波は時間とともに移動するので，位置を示すものと時間を示す変数2つを含む正弦波から始めるのが本来であるが，本書の範囲で扱う分子軌道を求める際には時間を含む関数は必要がないので，変数を1つにして話を最短距離で進めよう。

いま正弦波を以下の(1)式で定義し，この式をもとにして微分方程式をつくる。

$$\phi(x) = A \sin kx \tag{1}$$

この正弦波の波長を λ とすると，$\phi(x) = \phi(x+\lambda)$ であるから

$$A \sin kx = A \sin k(x+\lambda)$$

したがって

$$k\lambda = 2\pi$$

よって(1)式は以下のように書ける。

$$\phi(x) = A \sin \frac{2\pi}{\lambda} x$$

この式を2回微分する。

$$\frac{\partial^2 \phi}{\partial x^2} = -\frac{4\pi^2}{\lambda^2} A \sin \frac{2\pi}{\lambda} x$$

上式の右辺にはもとの正弦波の関数が現れているので，以下の(2)式で示される微分方程式が得られる。この式は古典的な波動方程式である。

$$\frac{\partial^2 \phi}{\partial x^2} + \frac{4\pi^2}{\lambda^2} \phi(x) = 0 \tag{2}$$

1-2 古典的波動方程式に物質波の概念を導入してSchrödingerの波動方程式を導く

古典的波動方程式(2)が求められたので，つぎの段階ではEinstein-de Broglieの物質波の概念による物質の運動量と波長の関係式を(2)式に導入してSchrödingerの波動方程式を導く。

Einstein-de Broglieの物質波の概念とは，「電子のような高速で運動す

る微粒子は波としての性質をもつ」という考え方で，Einstein の光量子説，「光は質量を持たないが運動量をもつ」に対する合わせ鏡のような考え方である。この物質波の概念を運動量 p と波長 λ を用いて，以下の(3)式によって関係づけることで表す。ここで h は Planck 定数である。

$$p = \frac{h}{\lambda} \tag{3}$$

また，微粒子の運動エネルギー T は以下のように表される。ただし，m は粒子の質量，u はその速度で $p=mu$ である。

$$T = \frac{1}{2}mu^2 = \frac{(mu)^2}{2m} = \frac{p^2}{2m}$$

微粒子の全エネルギー E は，運動エネルギー T とポテンシャルエネルギー V の和なので

$$E = T+V = \frac{p^2}{2m}+V$$

となる。この式を以下のように書き換える。

$$p^2 = 2m(E-V)$$

この式に物質波の関係(3)式を導入して

$$\frac{1}{\lambda^2} = \frac{2m}{h^2}(E-V)$$

この式と(2)式の古典的波動方程式を組み合わせると以下の1次元の Schrödinger の波動方程式が得られる。

$$\frac{\partial^2 \psi}{\partial x^2}+\frac{8\pi^2 m}{h^2}(E-V)\psi(x) = 0$$

3次元に適用すると

$$\left(\frac{\partial^2}{\partial x^2}+\frac{\partial^2}{\partial y^2}+\frac{\partial^2}{\partial z^2}\right)\psi+\frac{8\pi^2 m}{h^2}(E-V)\psi(x,y,z) = 0$$

ここで

$$\nabla^2 = \frac{\partial^2}{\partial x^2}+\frac{\partial^2}{\partial y^2}+\frac{\partial^2}{\partial z^2} \quad (\nabla：ナブラという)$$

を用いると

$$\nabla^2\psi+\frac{8\pi^2 m}{h^2}(E-V)\psi(x,y,z) = 0$$

と書ける。これが3次元の Schrödinger の波動方程式である。さらに，この式を以下のように書き換える。

$$\left(-\frac{h^2}{8\pi^2 m}\nabla^2 + V\right)\psi = E\psi$$

この式のカッコの中は,「波動関数 ψ を 2 回微分して係数を掛け,さらにポテンシャルエネルギーを掛けたものを加えよ」という演算である。このような演算を行うことを演算子ハミルトニアン H で置き換えると上式は以下の(4)式のような,いとも簡単な Schrödinger の波動方程式となる。

$$H\psi = E\psi \qquad (4)$$

ここで,H は演算子であること,また,波動関数 ψ は 2 回微分すればもとの関数の形が現れる関数なので,三角関数か指数関数あるいは両方を含む関数であることを知っている必要がある。

次に(4)式から分子軌道のエネルギー E を求めるための式を導く。(4)式の両辺に波動関数 ψ を掛けると

$$\psi H \psi = E\psi^2$$

となるが,左辺は ψ に H という演算を施した後に ψ を掛けなさいという意味である。一方,右辺は単なる掛け算である。この式の両辺を全領域にわたって積分すると以下の式が得られる。

$$\int \psi H \psi \, d\tau = E \int \psi^2 \, d\tau$$

この式から全エネルギー E を以下のように表すことができる。

$$E = \frac{\int \psi H \psi \, d\tau}{\int \psi^2 \, d\tau} \qquad (5)$$

(5)式を使ってエチレンや 1,3-ブタジエンなどの π 分子軌道と π 電子エネルギーを求めることができる。

2　π分子軌道による有機化合物の性質と反応の解釈

2-1　π電子系 Hückel 分子軌道法によるエチレンの π分子軌道とエネルギー

エチレン分子では2つの炭素原子 c_a および c_b 上に p 軌道が並んでおり，2つの π 電子が存在する。

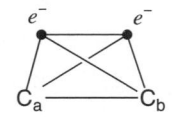

Hückel π 分子軌道法では，これらの炭素原子上の p 軌道が相互作用して，分子軌道を形成すると考える。したがって，π 電子はこれらの2つの p 軌道から形成される分子軌道内に存在する確率が高く，いずれの電子も2つの炭素原子核と相互作用するので，以下の(6)式のように，分子軌道を2つの p 軌道の一次線形結合として近似する。ここで，χ_a, χ_b は炭素原子の 2p 原子軌道の波動関数である。もし，一方の電子が炭素原子 c_a の近傍に存在するならば，係数 c_a は c_b に比べて大きな絶対値を持つことになり，炭素原子 c_a 近辺での電子密度が大きいことを表す。

> **分子軌道の係数**
> 分子軌道係数の二乗 c_a^2 あるいは c_b^2 はその炭素上での電子密度を表している。

$$\varphi = c_a\chi_a + c_b\chi_b \tag{6}$$

分子軌道のエネルギーを ε，ハミルトニアンを h で表し，(6)式を(5)式に代入すると，以下の(7)式になる。

$$\varepsilon = \frac{\int \varphi h \varphi d\tau}{\int \varphi^2 d\tau} = \frac{\int (c_a\chi_a + c_b\chi_b) h (c_a\chi_a + c_b\chi_b) d\tau}{\int (c_a\chi_a + c_b\chi_b)(c_a\chi_a + c_b\chi_b) d\tau} \tag{7}$$

(7)式の分子と分母を分けて計算する。分子は演算子 h を含むので，各項の掛け算においてそのまま h を挟んでおく。

$$\text{分子} = c_a^2 \int \chi_a h \chi_a d\tau + 2c_a c_b \int \chi_a h \chi_b d\tau + c_b^2 \int \chi_b h \chi_b d\tau$$

$$\text{分母} = c_a^2 \int \chi_a^2 d\tau + 2c_a c_b \int \chi_a \chi_b d\tau + c_b^2 \int \chi_b^2 d\tau$$

ここで，以下のように各積分値の置き換えを行う。

$$\int \chi_a h \chi_a d\tau = \int \chi_b h \chi_b d\tau = \alpha \quad (クーロン積分)$$

$$\int \chi_a h \chi_b d\tau = \beta \quad (a \neq b, 共鳴積分)$$

$$\int \chi_a^2 d\tau = \int \chi_b^2 d\tau = 1 \quad (規格化条件)$$

$$\int \chi_a \chi_b d\tau = 0 \quad (a \neq b, 重なり積分)$$

規格化条件とは，全領域に1つの電子を見いだす確立は1であることを示すものである。また，重なり積分を0としている。これらクーロン積分や共鳴積分を α や β とおくことや，重なり積分を0とすることはHückel π 分子軌道法に特有の近似であり，以後の計算が非常に簡便になって定性的な議論を進めるのに大変都合がよい。

以上の置き換えによって(7)式は以下の(8)式のようになる。

$$\varepsilon = \frac{c_a^2 \alpha + 2c_a c_b \beta + c_b^2 \alpha}{c_a^2 + c_b^2} \tag{8}$$

ここで，ε を定めるために**変分法**を適用する。変分法とは，「近似波動関数を使って求めたエネルギーは常に真の最低エネルギーよりも高い値になるので，エネルギーが最低値になるように波動関数を定めると真の姿に近い」というものである。そのために，(8)式を c_a および c_b を変数とする関数と考え，ε が極値をもつ条件を求める。このような条件を満たすためには

$$\frac{\partial \varepsilon}{\partial c_a} = 0 \quad および \quad \frac{\partial \varepsilon}{\partial c_b} = 0$$

となることが必要である。(8)式の分数式から以下の(9)式を得る。

$$(c_a^2 + c_b^2)\varepsilon = c_a^2 \alpha + 2c_a c_b \beta + c_b^2 \alpha \tag{9}$$

$\partial \varepsilon / \partial c_a = 0$ の条件を満たすためには(9)式の両辺を c_a で偏微分して

$$2\varepsilon c_a = 2c_a \alpha + 2c_b \beta \quad ゆえに \quad c_a(\alpha - \varepsilon) + c_b \beta = 0 \tag{10}$$

同じく，$\partial \varepsilon / \partial c_b = 0$ の条件を満たすためには(9)式の両辺を c_b で偏微分して

$$2\varepsilon c_b = 2c_a \beta + 2c_b \alpha \quad ゆえに \quad c_a \beta + (\alpha - \varepsilon) c_b = 0 \tag{11}$$

ここで

変分法における分数関数の処理
分数関数 $y = f(x)/g(x)$ において $g(x) \cdot y = f(x)$ であれば $y' = 0$ という関係を利用する。

$$\frac{\varepsilon-\alpha}{\beta} = \lambda \quad (\text{すなわち } \varepsilon = \alpha+\lambda\beta)$$

とおけば，(10)式および(11)式は以下のように書ける。

$$-\lambda c_a + c_b = 0$$

$$c_a - \lambda c_b = 0$$

この連立方程式で $c_a \neq 0$, $c_b \neq 0$ の解をもつためには

$$\begin{vmatrix} -\lambda & 1 \\ 1 & -\lambda \end{vmatrix} = 0$$

永年方程式
エチレンでは2行2列の行列式であるが，p軌道がn個の共役系分子でn行n列になる。

であることが必要である。このような行列式を永年方程式という。この2行2列の行列式の計算は簡単であるが，分子が大きくなって行および列の数が増せばその計算は非常に大変になるのでこの名がつけられた。

この2行2列の行列式から

$$(-\lambda)^2 - 1 = 0 \quad \text{ゆえに} \quad \lambda = \pm 1$$

$\lambda=1$ のとき，$c_a = c_b$，また，規格化条件 $\int \varphi^2 d\tau = c_a^2 + c_b^2 = 1$ より

$$c_a = \pm \frac{1}{\sqrt{2}}, \quad c_b = \pm \frac{1}{\sqrt{2}} \quad (\text{符号同順})$$

一方，$\lambda=-1$ のとき $c_a = -c_b$，また，$c_a^2 + c_b^2 = 1$ より

$$c_a = \pm \frac{1}{\sqrt{2}}, \quad c_b = \mp \frac{1}{\sqrt{2}} \quad (\text{符号同順})$$

エネルギー ε については

$$\lambda = 1 \text{ のとき } \varepsilon = \alpha+\beta, \quad \lambda = -1 \text{ のとき } \varepsilon = \alpha-\beta$$

以上から，エチレンの分子軌道は次のようになる。

$$\varphi_1 = \frac{1}{\sqrt{2}}\chi_a + \frac{1}{\sqrt{2}}\chi_b \quad \varepsilon = \alpha+\beta$$

$$\varphi_2 = \frac{1}{\sqrt{2}}\chi_a - \frac{1}{\sqrt{2}}\chi_b \quad \varepsilon = \alpha-\beta$$

(12)

このようにしてエチレンの π 分子軌道とそのエネルギーが計算できた。この π 電子系 Hückel 法の計算において特徴的なのは，クーロン積分値および共鳴積分値を α, β のパラメータのまま残すとともに，変分法を適用して係数 c_a および c_b を求める過程で ε が同時に決まることである。分子軌道のエネルギー，すなわち，その軌道に収容される π 電子エネルギー ε は今後，α, β のパラメータを用いて表される。

では，(12)式で示された分子軌道とエネルギーがもつ意味を考えてみよう。(6)式の分子軌道に用いた原子軌道 χ_a および χ_b は炭素原子の p 軌道なので，上記のエチレンの π 分子軌道とエネルギーを図に示すと以下の図 A のようになる。積分値については，$\alpha, \beta < 0$ なので φ_1 の方が φ_2 よりもエネルギー準位が低く，またローブの色分けは係数が正のものについては上が黒，下が白で，係数が負のものでは逆に上が白，下が黒で記述することにする。このようにして，この章の始めにでてきた分式軌道図が Hückel 分子軌道法から求められたものであることが理解できたと思う。

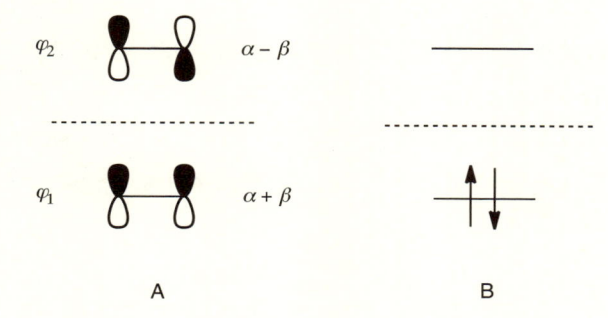

$$\varphi_2 \quad \text{(図)} \quad \alpha - \beta$$

$$\varphi_1 \quad \text{(図)} \quad \alpha + \beta$$

A　　　　　　B

この図は単に炭素の原子軌道の p 軌道が 2 つ独立して並んでいるのとはまったく状況が異なる。φ_1 のように χ_a および χ_b の係数の符号が同じ場合には位相が一致しており，互いに相互作用して結合性分子軌道を形成し，π 電子はこれら 2 つの軌道の上下の領域に存在する。一方，φ_2 のように符号が異なる場合は位相が異なるため，反結合性となって，それぞれ独立した状態で 2 つの軌道間の相互作用はない。基底状態で分子軌道に電子が収容されていることを表現するためには φ_1 に 2 つの電子を矢印で示し，図 B のように書く。2 個の電子がスピンの向きが異なる状態で存在していることを表現しているが，分子軌道においてもこのように Pauli の排他則が適用される。

ところで，エチレンの分子軌道をパソコンでさらに近似を進めた方法で計算し，その結果を描くとつぎの図のようになる。π 電子系 Hückel 分子軌道法で求めた φ_1 および φ_2 に相当する分子軌道（HOMO と LUMO：これらの意味は後述する）の形が表現されているが，特に HOMO ではエチレン分子の上下に π 電子雲が広がっている様子が見られ，2 つの p 軌道の位相が一致していることによって相互作用していることに対応している。

近似を進めた計算方法によるエチレンの分子軌道

HOMO　　　　　　　　LUMO

　さて，エチレンに紫外線を照射して励起状態になったとしよう。このとき，励起したエチレンの1個のπ電子はエネルギー準位の高いφ_2に入る。したがって，分子軌道計算によって求められたφ_2は励起状態の電子が収容されるために用意された軌道ということができる。このとき，図Cおよび図Dのように，この電子のスピンには上向きの場合と下向きの場合があって，物理化学的には重要な問題であるがここでは触れない。

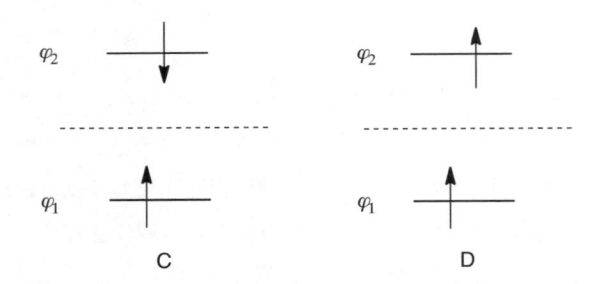

C　　　　　　　　D

　ここでφ_2は反結合性軌道であるため，2つのp軌道は相互作用せず独立した状態にあるので，2つのπ電子はそれぞれの炭素原子上に局在化してπ結合を形成していない状況にある。そのため，C-C結合が回転してシス-トランス異性化を起こすことが可能となる。このように，オレフィン類の紫外線照射による異性化反応が，π分子軌道を求めたことによって説明できる。また，エチレンの分子軌道φ_2は電子を受け入れることができる軌道として，後に述べるDiels-Alder反応においても重要な役割を担う。

2-2　鎖状共役ポリエンのπ分子軌道：一般式の導出とπ分子軌道

　前項でエチレンのπ分子軌道の計算を示したが，二重結合が増えて共役系が拡張したπ電子系についても同様な手順でπ分子軌道を求める

ことができる．分子軌道を用いて解釈する有機化学反応では鎖状共役ポリエンを扱う場合が多く，有機化学の教科書にも炭素数 6～8 ぐらいまでの共役系 π 分子軌道図が記載されている．そのような π 分子軌道図を理解するために，π 電子系 Hückel 分子軌道法による π 分子軌道とエネルギーの計算を一般化してみよう．いま，n 個の sp^2 炭素原子からなる鎖状共役ポリエンを考える．

$$\underset{1}{CH_2}=\underset{2}{CH}-CH=CH-\cdots\cdots-\underset{n-1}{CH}=\underset{n}{CH_2}$$

炭素原子上の p 軌道は以下のように並んでいる（係数の符号がすべて正の場合）．

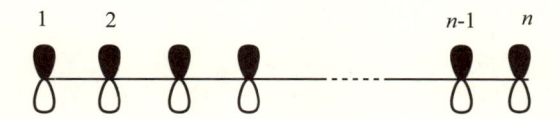

このような π 電子系共役ポリエンの π 分子軌道をエチレンの場合と同じ方法で，以下の(13)式のように炭素原子の p 軌道波動関数 ϕ の 1 次線形結合で表す．この設定において，共役ポリエン中のある 1 つの π 電子は，これらの p 軌道全体の相互作用によって形成される分子軌道中に存在することができるということを意味する．以下の(13)式は $n\pi$ 電子系の n 個の分子軌道のうち，エネルギー準位の低い方から j 番目のものであり，係数 c_{mj} はその分子軌道の m 番目の項の係数であることを示す．

$$\varphi_j = c_{1j}\phi_1 + c_{2j}\phi_2 + \cdots + c_{mj}\phi_m + \cdots + c_{nj}\phi_n \tag{13}$$

ただし，このことを理解した上で，簡単のため軌道番号の j を省略し，係数の番号のみの $c_1, c_2, \cdots, c_m, \cdots, c_n$ で表すことにすると(13')式のように書ける．

$$\varphi = c_1\phi_1 + c_2\phi_2 + \cdots + c_m\phi_m + \cdots + c_n\phi_n \tag{13'}$$

この(13')式の分子軌道のエネルギー ε をエチレンで計算した時とまったく同じ方法で計算する．

$$\varepsilon = \frac{\int \varphi h \varphi d\tau}{\int \varphi \varphi d\tau}$$

$$= \frac{\int (c_1\phi_1+c_2\phi_2+\cdots+c_m\phi_m+\cdots+c_n\phi_n)h(c_1\phi_1+c_2\phi_2+\cdots+c_m\phi_m+\cdots+c_n\phi_n)d\tau}{\int (c_1\phi_1+c_2\phi_2+\cdots+c_m\phi_m+\cdots+c_n\phi_n)(c_1\phi_1+c_2\phi_2+\cdots+c_m\phi_m+\cdots+c_n\phi_n)d\tau}$$

$$\begin{aligned}分\ 子 &= \int (c_1^2\phi_1 h\phi_1+c_2^2\phi_2 h\phi_2+\cdots+c_m^2\phi_m h\phi_m+\cdots+c_n^2\phi_n h\phi_n)d\tau \\ &+ \int (2c_1c_2\phi_1 h\phi_2+2c_1c_3\phi_1 h\phi_3+\cdots+2c_1c_n\phi_1 h\phi_n+2c_2c_3\phi_2 h\phi_3 \\ &+2c_2c_4\phi_2 h\phi_4+\cdots+2c_m c_{m+1}\phi_m h\phi_{m+1}+\cdots+2c_{n-1}c_n\phi_{n-1}h\phi_n)d\tau\end{aligned}$$

$$\begin{aligned}分\ 母 &= \int (c_1^2\phi_1^2+c_2^2\phi_2^2+\cdots+c_m^2\phi_m^2+\cdots+c_n^2\phi_n^2)d\tau \\ &+ \int (2c_1c_2\phi_1\phi_2+2c_1c_3\phi_1\phi_3+\cdots+2c_1c_n\phi_1\phi_n+2c_2c_3\phi_2\phi_3 \\ &+2c_2c_4\phi_2\phi_4+\cdots+2c_m c_{m+1}\phi_m\phi_{m+1}+\cdots+2c_{n-1}c_n\phi_{n-1}\phi_n)d\tau\end{aligned}$$

ここで，各積分値を以下のようにおく。なお，隣接するp軌道間の共鳴積分はβとするが，隣接しないものについてはすべて0とする。

$$\int \phi_r h\phi_r d\tau = \alpha \quad (\text{クーロン積分})$$

$$\int \phi_r h\phi_s d\tau = \beta \quad r=s\pm 1 \quad (\text{隣接するp軌道間の共鳴積分})$$

$$\int \phi_r h\phi_s d\tau = 0 \quad r\neq s\pm 1 \quad (\text{隣接しないp軌道間の共鳴積分})$$

$$\int \phi_r \phi_r d\tau = 1 \quad (\text{規格化条件})$$

$$\int \phi_r \phi_s d\tau = 0 \quad r\neq s \quad (\text{重なり積分})$$

これらを代入すると

$$\begin{aligned}分\ 子 &= (c_1^2+c_2^2+\cdots+c_m^2+\cdots+c_n^2)\alpha \\ &+ 2(c_1c_2+c_2c_3+\cdots+c_m c_{m+1}+\cdots+c_{n-1}c_n)\beta\end{aligned}$$

$$分\ 母 = c_1^2+c_2^2+\cdots+c_m^2+\cdots+c_n^2$$

ゆえに

$$\varepsilon = \frac{(c_1^2+c_2^2+\cdots+c_m^2+\cdots+c_n^2)\alpha+2(c_1c_2+c_2c_3+\cdots+c_m c_{m+1}+\cdots+c_{n-1}c_n)\beta}{c_1^2+c_2^2+\cdots+c_m^2+\cdots+c_n^2}$$

これより

$$(c_1^2+c_2^2+\cdots+c_m^2+\cdots+c_n^2)\varepsilon = (c_1^2+c_2^2+\cdots+c_m^2+\cdots+c_n^2)\alpha$$
$$+2(c_1c_2+c_2c_3+\cdots+c_mc_{m+1}+\cdots+c_{n-1}c_n)\beta$$

変分法を適用して各係数について偏微分をおこなう。

$$\frac{\partial\varepsilon}{\partial c_1} = 0 \quad \text{より} \quad 2c_1\varepsilon = 2c_1\alpha+2c_2\beta$$

$$\frac{\partial\varepsilon}{\partial c_2} = 0 \quad \text{より} \quad 2c_2\varepsilon = 2c_2\alpha+2(c_1+c_3)\beta$$

c_m については

$$\frac{\partial\varepsilon}{\partial c_m} = 0 \quad \text{より} \quad 2c_m\varepsilon = 2c_m\alpha+2(c_{m-1}+c_{m+1})\beta$$

整理して

$$c_m(\alpha-\varepsilon)+(c_{m-1}+c_{m+1})\beta = 0$$

ここで

$$\lambda = \frac{\varepsilon-\alpha}{\beta} \quad (\varepsilon = \alpha+\lambda\beta)$$

とおけば以下の一般式を得る。

$$c_{m-1}-\lambda c_m+c_{m+1} = 0 \tag{14}$$

この(14)式を漸化式として，この式を満たす c_m と λ の値を求める。以後の計算は，ほぼ高校数学の範疇で可能であること，また今後分子軌道を使うにあたって一度見ておくのがよいと思うので記述しておくことにする。

(14)式を満たす c_m を

$$c_m = A\sin km$$

とおいて代入する。

$$A\sin k(m-1)-\lambda A\sin km+A\sin k(m+1) = 0$$

$$\lambda A\sin km = A\sin k(m+1)+A\sin k(m-1)$$
$$= 2A\sin km\cos k$$

よって

$$\lambda = 2\cos k \tag{15}$$

一方，鎖状共役ポリエンは左右対称なので両末端の係数の絶対値は等しく，$c_1^2 = c_n^2$ が成り立つ。$c_1 = A \sin k$, $c_n = A \sin kn$ より

$$\begin{aligned} c_1^2 - c_n^2 &= A^2 \sin^2 k - A^2 \sin^2 kn \\ &= A^2 \sin k(n+1) \sin k(1-n) = 0 \end{aligned}$$

三角関数の処理
$\sin^2\alpha - \sin^2\beta = \sin(\alpha+\beta) \times \sin(\alpha-\beta)$ の関係を利用する。

$\sin k(n+1) = 0$ とすれば $k(n+1) = j\pi \, (j = 1, 2, \cdots, n)$

よって

$$k = \frac{j\pi}{n+1} \quad (j = 1, 2, \cdots, n)$$

(15)式より

$$\lambda = 2\cos\frac{j\pi}{n+1} \quad (j = 1, 2, \cdots, n)$$

$\varepsilon = \alpha + \lambda\beta$ より分子軌道のエネルギーは以下の(16)式で表される。

$$\varepsilon = \alpha + \left(2\cos\frac{j\pi}{n+1}\right)\beta \quad (j = 1, 2, \cdots, n) \tag{16}$$

次に規格化条件より係数 c_m を求める。

$$\sum_{m=1}^{n} c_m^2 = \sum_{m=1}^{n} A^2 \sin^2 km = 1$$

ここでオイラーの公式を利用して正弦波の関数を指数関数に変換する。

$$e^{ik} = \cos k + i\sin k \quad \text{および} \quad e^{-ik} = \cos k - i\sin k$$

これらより

$$e^{ik} - e^{-ik} = 2i\sin k$$

したがって $\sin k = \dfrac{e^{ik} - e^{-ik}}{2i}$ を得る。

この関係を使うと上記の規格化条件は，指数関数の級数として計算できる。

$$\begin{aligned} \sum_{m=1}^{n} A^2 \sin^2 km &= \sum_{m=1}^{n} A^2 \left(\frac{e^{ikm} - e^{-ikm}}{2i}\right)^2 \\ &= \sum_{m=1}^{n} A^2 \left\{-\frac{1}{4}(e^{2ikm} + e^{-2ikm} - 2)\right\} \end{aligned}$$

$$= -\frac{1}{4}A^2 \left(\frac{e^{2ik}-e^{2i(n+1)k}}{1-e^{2ik}} + \frac{e^{-2ik}-e^{-2i(n+1)k}}{1-e^{-2ik}} - 2n \right) \quad (17)$$

一方,さきほど求めた $\sin k(n+1)=0$ とオイラーの公式を用いると

$$\sin k(n+1) = \frac{e^{i(n+1)k}-e^{-i(n+1)k}}{2i} = 0$$

よって $e^{i(n+1)k}=e^{-i(n+1)k}$ より $e^{2i(n+1)k}=1$ および $e^{-2i(n+1)k}=1$ となる。

したがって(17)式は以下のようになる。

$$\sum_{m=1}^{n} A^2 \sin^2 km = -\frac{1}{4}A^2 \left(\frac{e^{2ik}-1}{1-e^{2ik}} + \frac{e^{-2ik}-1}{1-e^{-2ik}} - 2n \right)$$

$$= \frac{1}{2}A^2(n+1) = 1$$

$A>0$ の解を用いると

$$A = \sqrt{\frac{2}{n+1}}$$

$c_m = A \sin km$ および $k = \frac{j\pi}{n+1}$ より

$$\boxed{c_m = \sqrt{\frac{2}{n+1}} \sin \frac{mj\pi}{n+1} \quad (m, j = 1, 2, \cdots n)} \quad (18)$$

以上で,鎖状共役ポリエンのエネルギーと係数を求める一般式(16)式と(18)式が導かれた。この(16)式および(18)式は化学結合の理論で顕著な業績を挙げた Coulson(クールソン)によってはじめて導かれたもので,Coulson の式と呼ばれることもある。

ここで,分子軌道のエネルギーを求める(16)式について考えてみよう。(16)式の β の係数 $2\cos\frac{j\pi}{n+1}$ では,j は 1 から n までの整数なので分子軌道エネルギーの値は n 個存在すること,ゆえに n 個の分子軌道が存在することがわかる。また,三角関数の性質によって n が偶数の場合,β の係数は絶対値が同じで互いに正負の符号をもつものが対になって得られることがわかる。n が奇数の場合には必ず β の係数に 0(したがって $\varepsilon=\alpha$)を含み,残りは絶対値が同じで正負の符号をもつものが対をなす。また,係数 c_m についても,(18)式の三角関数の部分を $\sin j\pi \cdot \frac{m}{n+1}$ として考えると,たとえば,$j=1$ の分子軌道では,π を $n+1$ 分割したそれぞれ $m=n$ 番目までの sin の値になるので,すべて

係数の符号は正になる。$j=2$ では 2π を $n+1$ 分割して，$m=n$ 番目までの sin の値を取ることになるので n 個の係数のうち，半数は正，半数は負になる。ただし，n が奇数の場合には，係数が 0 となる場合が含まれる。

$n=4$ の場合について，(18)式から各エネルギー準位における分子軌道中の各項の係数の符号のみについて考える。すなわち，(18)式に $n=4$ を代入し，$j=1$ について $m=1, 2, \cdots, 4$ までの c_m の符号をまとめると以下のようになる。これにもとづいて分子軌道図を描く。

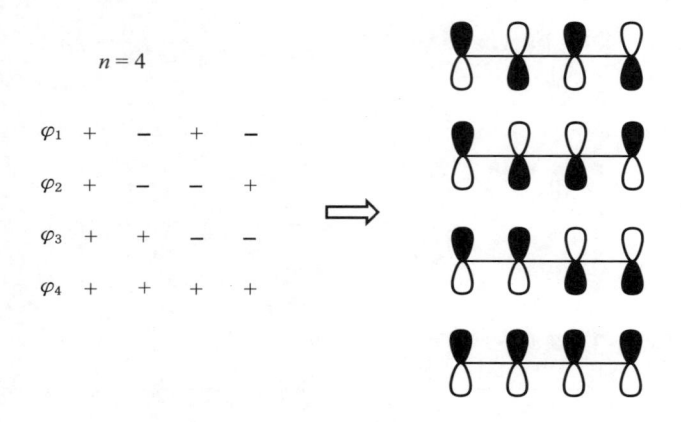

$n=4$

φ_1 +   −   +   −

φ_2 +   −   −   +

φ_3 +   +   −   −

φ_4 +   +   +   +

さらに，分子軌道エネルギーと係数の関係を考慮し，係数の符号のみに着目して $n=2 \sim 6$ までの分子軌道図を作成するとつぎに示す分子軌道図が得られる。この図では，いま述べた三角関数の規則性が反映されている。すなわち，これらのすべての分子軌道において，最もエネルギー準位の低い分子軌道（$j=1$）ではすべて係数の符号が正で位相が一致しているのに対し，下から 2 番目の軌道（$j=2$）では，n が偶数の場合には左半分が正，右半分が負になる一方，n が奇数の場合には，真ん中の係数が 0 で，左半分が正，右半分が負となる。最もエネルギー準位の高い分子軌道（$j=n$）では符号は交互に正，負となっている。

各分子軌道において p 軌道の係数の符号が変わる箇所を節点というが，各共役ポリエンで一番下の分子軌道から順番に節点は 0 個，1 個，2 個というようにエネルギー準位が高くなるにつれて 1 つずつ増えてゆく。また，各分子軌道の「両末端の符号の同異」に注目すると，いずれの共役ポリエンにおいても最低エネルギー準位の軌道では両末端は正の同符号で対称（S：symmetry），下から 2 番目の軌道では左端が正で右端が負となって異符号で反対称（A：anti-symmetry）となるが，n の数にかかわらず，すべてにおいて下から順に対称（S），反対称（A）の繰り返しとなる。例えば，$n=2$ では下から S → A，$n=6$ では下から S → A →

S → A → S → A といった具合になる。

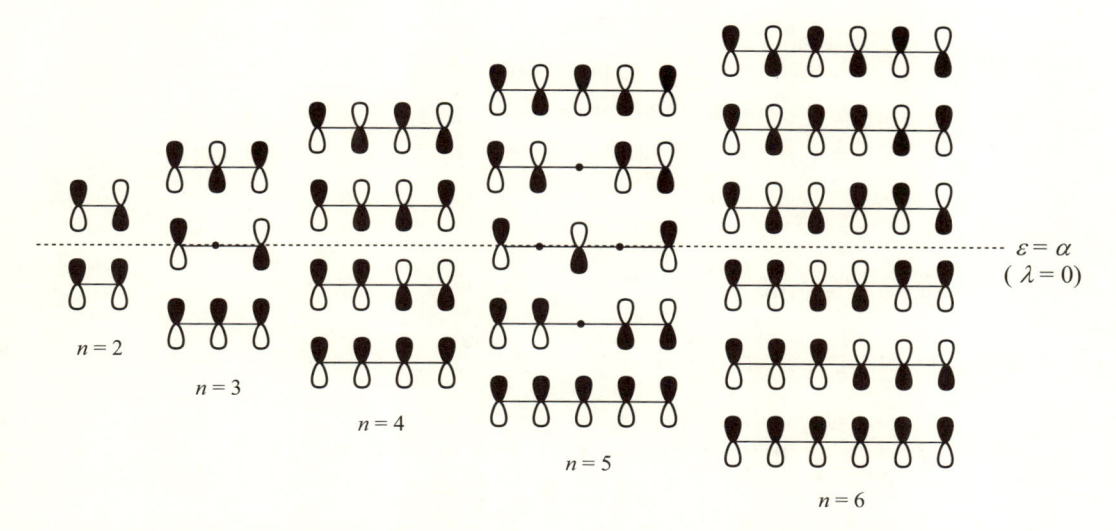

$\varepsilon = \alpha$
($\lambda = 0$)

$n=2$
$n=3$
$n=4$
$n=5$
$n=6$

　この分子軌道図で n が偶数の場合にはエチレン，1,3-ブタジエン，1,3,5-ヘキサトリエンなどの鎖状共役ポリエンで，n が奇数の場合には p 軌道が奇数個ならぶ化学種が相当し，例えば $n=3$ ではアリルカチオン，アリルアニオン，アリルラジカルの π 分子軌道，$n=5$ ではペンタジエニルカチン，ペンタジエニルアニオン，ペンタジエニルラジカルの π 分子軌道になる。なお，(18)式から計算される係数についてはその符号だけを問題にしてきたが，その絶対値については触れなかった。前にも述べたが，係数の絶対値はそれぞれの分子軌道においてその炭素上の π 電子密度を表しており，有機化学反応の位置選択性などを解釈するにあたって必要になることもあるが，本書の内容ではこれにこだわる必要はない。

　さて，上図の π 分子軌道のうち，基底状態で電子が収容されている最もエネルギー準位の高い軌道を HOMO（最高被占軌道：the highest occupied molecular orbital）といい，電子が入っていない軌道のうち最もエネルギー準位が低いものを LUMO（最低空軌道：the lowest unoccupied molecular orbital）という。これら 2 つの軌道をあわせてフロンティア軌道（frontier molecular orbital）という。エチレン（$n=2$）では 2 つの π 分子軌道のうち，下の（エネルギー準位の低い方の）軌道が HOMO，上の（エネルギー準位が高い方）の軌道が LUMO になる。また，1,3-ブタジエン（$n=4$）では下から 2 番目の軌道が HOMO，下から 3 番目の軌道が LUMO になる。一連の Woodward-Hoffmann（ウッドワード-ホフマン）則と呼ばれる規則に従う反応の解釈においてフロンティア軌道理論を適用するにあたっては，HOMO と LUMO の両末端係

数の符号の一致,すなわち位相の一致を考慮することが肝要であるので,先に述べた各分子軌道においてみられた最低エネルギー準位からのS→A→S→……は極めて重要になる。したがって,この鎖状共役ポリエンの分子軌道の規則性を十分に理解していればフロンティア軌道による反応解釈においては,分子軌道図を参照する必要もあまりなくなる。

例題 H

$n=7$ および $n=8$ について π 分子軌道図を書きなさい。

[解答例]

(18)式に $n=7(j=1, 2, ---, 7)$ および $n=8(j=1, 2, ---, 8)$ を代入して符号を定め,分子軌道図を描く。

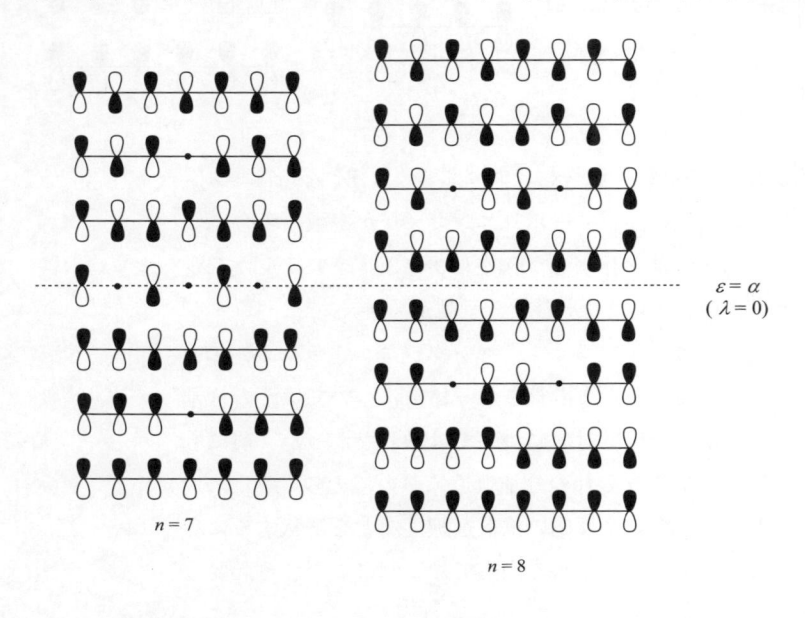

$\varepsilon = \alpha$
$(\lambda = 0)$

$n = 7$

$n = 8$

2-3 共役ジエンの共鳴エネルギー

不飽和結合が共役系を形成すると共鳴エネルギーを得て安定化することは極めて重要で,化合物の安定性や反応を議論するときにたびたび使われる。たとえば,1,3-ブタジエンについては有機電子論では以下のような共鳴構造を書いて π 電子が非局在化することにより安定化すると表現した。

$$CH_2=CH-CH=CH_2 \longleftrightarrow \overset{+}{C}H_2-CH=CH-\overset{..}{\overset{-}{C}}H_2$$

前項で鎖状共役ポリエンの分子軌道とエネルギーを求める一般式を導いたので，この式を利用して共役系の共鳴エネルギーを計算してみよう。(13)式で分子軌道を設定した際には，π電子はこの分子軌道中に存在する状況を想定している。そこで，1,3-ブタジエンが共鳴エネルギーを獲得して安定化することを(16)式を使って説明しよう。

1,3-ブタジエン（$n=4$）の分子軌道エネルギーを(16)式から計算すると，それぞれ，$j=1, 2, 3, 4$ に対して，$\varepsilon=\alpha+1.618\beta$, $\alpha+0.618\beta$, $\alpha-0.618\beta$, $\alpha-1.618\beta$ となる。基底状態においては4つのπ電子は下図のようにエネルギー準位の低い2つのπ分子軌道に配置される。

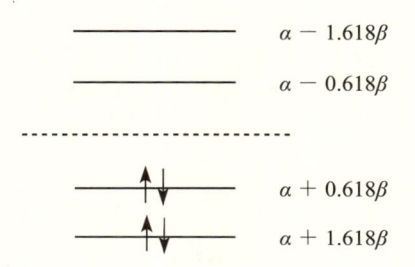

$$
\begin{array}{ll}
\underline{\qquad} & \alpha - 1.618\beta \\
\underline{\qquad} & \alpha - 0.618\beta \\
\cdots\cdots\cdots & \\
\underline{\uparrow\downarrow} & \alpha + 0.618\beta \\
\underline{\uparrow\downarrow} & \alpha + 1.618\beta \\
\end{array}
$$

電子のエネルギーはその分子軌道のエネルギー準位に等しいので，1,3-ブタジエンの4つのπ電子の全エネルギー E_1 は

$$E_1 = 2(\alpha+1.618\beta)+2(\alpha+0.618\beta) = 4\alpha+4.472\beta$$

と計算される。もし，1,3-ブタジエンの2つの二重結合が独立した状態にあって，共役系を形成せずに相互作用がないとすれば，そのときの全π電子エネルギー E_2 は2つのエチレン分子がもつπ電子エネルギーと等しいと考えられるので

$$E_2 = 4(\alpha+\beta) = 4\alpha+4\beta$$

となる。したがって，1,3-ブタジエンでは

$$E_2-E_1 = -0.472\beta$$

だけ安定化されており，これが共鳴エネルギーとなる。さらに，1,3,5-ヘキサトリエンや1,3,5,7-オクタテトラエンについても同様な計算を行うと，共鳴エネルギーはそれぞれ，-0.99β, -1.516β となって共役系が長くなるにつれて共鳴エネルギーが増加していく傾向が見られる。

このようにπ電子系 Hückel 分子軌道法によって，二重結合が共役すると共鳴エネルギーを得て安定化することが理論的に示される。

第Ⅱ部　分子軌道で解釈する有機反応

コラム4　Hückel π 分子軌道エネルギーと吸収スペクトル

　分子が紫外線あるいは可視光線のエネルギーを吸収して励起状態になるときに吸収された光の波長と強度をグラフにしたのが吸収スペクトルである。最もエネルギーの低い吸収帯（最も長波長側の吸収帯）はHOMOに収容されている電子がLUMOに励起するエネルギーに相当する。π 電子系Hückel軌道法は粗い近似を導入しているが，条件によっては共役ポリエンのHückel π 分子軌道エネルギーを吸収スペクトルと関連づけることができる。例えば，エチレンにおけるHOMOとLUMOのエネルギー差は $-2\beta\,(\beta<0)$ であり，ブタジエン，ヘキサトリエンについてもそれぞれ本文で求めた(16)式から容易に計算できて，それぞれ，-1.2β，-0.9β となる。共役系が長くなるにつれてHOMO–LUMO間のエネルギー差は小さくなってゆく。さらに複数の共役系についてHOMOとLUMOのエネルギー差を計算し，スペクトルにおける遷移エネルギー（波長の逆数）の実測値との関係を調べると下のグラフに示したようにほぼ直線関係になる。ニンジンなどに含まれており，ビタミンAの前駆体となるβ-カロテンは可視領域の500 nm付近に吸収帯をもち，橙色を呈している。

　さらにナフタレン，アントラセンなどの縮合多環芳香族炭化水素についても同様の関係が見られる。このように，Hückel π 分子エネルギーは化学反応だけでなく共役系化合物の物理的性質についても意味を与えている。ただし，より詳細な定量的議論にはさらに精密な分子軌道計算が必要となる。

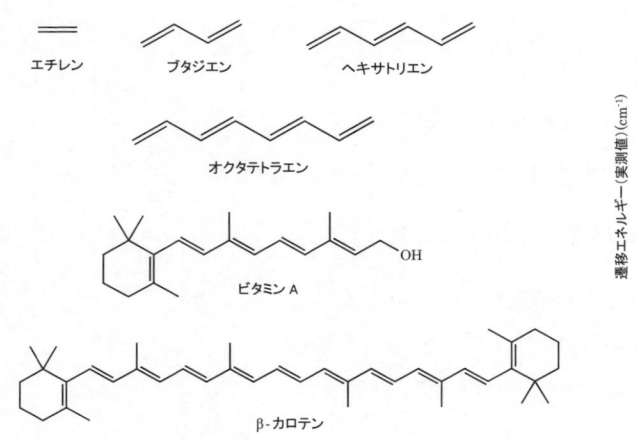

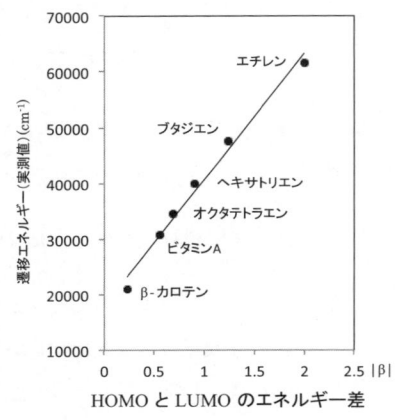

参考文献：時田澄夫，『カラーケミストリー』，丸善（1982）

| 2-4 | **Diels-Alder 反応：フロンティア軌道理論および軌道相関図の作成とその解釈（軌道対称性の保存）** |

　Diels-Alder反応は下に示すように，1,3-ブタジエン（以後ジエンと呼ぶ）とオレフィンが反応して6員環化合物であるシクロヘキセンを生成するもので，有機合成化学において環状化合物を形成するための最も重要な反応である。発見者のO. DielsおよびK. Alderはこの反応の発見により1950年にノーベル化学賞を受賞した。以下に典型的な例として

1,3-ブタジエンとエチレンの反応を挙げる。

この反応が優れているところは，多数のジエンとオレフィンの組み合わせが可能であるため適用範囲が極めて広く，天然物合成をはじめ，様々な化合物合成において頻繁に利用されていることである。Diels-Alder反応でジエンと反応するオレフィンのことをジエノフィル（dienophile：ジエンを好むもの）という。ところで，この反応が第Ⅰ部で記述してきたような有機電子論で説明すべき反応ではなく，分子軌道によって解釈されるものであることもその重要性を一層高めているといえる。様々なジエンとジエノフィルの組み合わせがあるが，その一部を以下に示す。いずれの例においてもジエンとエチレンの反応が基本となってシクロヘキセン骨格を形成していることが容易にわかると思う。

フロンティア軌道理論による解釈

フロンティア軌道理論は，反応の初期において最も大きな相互作用が反応のゆくえを決めるという考え方で，前述したフロンティア軌道の相互作用を考慮することによって反応を予測できるというものである。HOMOに収容されている電子が原子の価電子（最外殻電子）に相当し，一方，LUMOは電子を受取る最外殻軌道とみなせば理解しやすいかもしれない。フロンティア軌道理論を提唱した福井謙一博士は，わが国における初めてのノーベル化学賞受賞者（1981年）となった。フロンティア軌道理論は広範な化学反応に適用でき，特に有機電子論では説明でき

ない一連の反応が分子軌道を使うことによって合理的に解釈されたことで，有機化学の分野においても是非知っておくべき理論となっている。

では，フロンティア軌道理論を使って Diels-Alder 反応を考えてみよう。Diels-Alder 反応はジエンとオレフィンが反応するので，これら2つの分子間で電子のやり取りが起こる。そのためには電子を与える分子軌道と電子を受取る分子軌道が相互作用して反応することになる。**フロンティア軌道理論において2分子反応を扱う際には，熱反応では一方の分子の HOMO と他方の分子の LUMO との相互作用を考え，一方，光反応では両分子の LUMO どうしの相互作用を考える。**

いまジエンを電子供与体，オレフィンを電子受容体と考え，ジエンの HOMO とエチレンの LUMO の相互作用を考慮する。なぜ HOMO と LUMO との相互作用なのかは，ジエンの HOMO は最もエネルギーの高い π 電子が存在している軌道で，エチレンの LUMO は電子を受け入れる最もエネルギー準位の低い軌道であることを考えれば理解できる。これらが相互作用する様子を下図に示した。

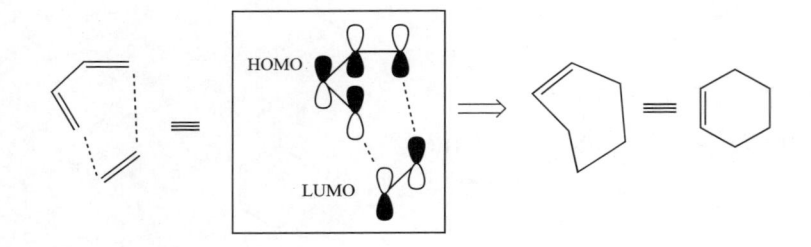

ここで最も重要なこととして，結合を形成するために必要なことは軌道の位相が一致すること，すなわち，軌道係数の符号の一致が必要なことである。位相が一致する，あるいは一致しないということは，2つの波の重なりを考えるとよい。たとえば，2つの正弦波の関数を重ね合わせるとき，同じ位相の重なりは振幅が大きくなって強め合うが，位相の不一致の場合，すなわち，異なる位相である正と負の波を重ね合わせると打ち消し合って2つの波の相互作用はなくなる。上の図の Diels-Alder 反応では，結合を形成する両末端の位相がうまく一致して結合を形成できる。また，これらの軌道どうしの相互作用は両端で同時に起こり，結合の生成も同時に進行する。Diels-Alder 反応を含めて，軌道の相互作用による1段階で進行する反応を**ペリ環状反応**（pericyclic reaction）という。「ペリ」は「周辺」を意味し，たとえばジエンとオレフィンが反応するときに，6個の π 電子が分子の周辺に沿って存在し，環状

の遷移状態を経由してシクロヘキセンが生成することを考えるとこの名の意味がわかるかもしれない。

このようなフロンティア軌道理論によって Diels-Alder 反応の特徴をうまく説明できる最も重要なことは，この反応における立体化学の問題である。以下に示したジエンと Z-オレフィンあるいは E-オレフィンとの反応において観察された立体特異性はその遷移状態を考えれば説明できる。1 段階で進行する反応の過程では反応の間に結合の自由回転を行なうことができないのでこのように立体特異的になる。

また Alder 則と呼ばれる立体選択性がある。Diels-Alder 反応ではジエンとジエノフィルの近づき方によって，エンド（endo）型およびエキソ（exo）型の 2 種類の立体異性体の生成が可能であるが，通常エンド型付加物が生成してエキソ型付加物は生成しない。このエンド型付加物優先の事実は有機電子論では説明困難である。以下にシクロペンタジエンと無水マレイン酸の例を挙げる。

立体特異性と立体選択性

生成物の立体化学が反応物の立体化学に対して完全に対応する場合は立体特異的であるといい，このような状況を与える性質を立体特異性という。一方，ある反応において生成物が立体異性体の混合物となってどちらかの立体異性体がより多く生成する場合を立体選択的であるといい，そのような反応の性質を立体選択性という。

Diels-Alder 反応におけるエンド (endo) 型およびエキソ (exo) 型付加物

エンド（endo）は内側，エキソ（exo）は外側という意味で，Diels-Alder 反応付加物のシクロヘキセン環の内側に原子団が結合しているものをエンド型付加物といい，外側に結合しているものをエキソ型付加物という。

第Ⅱ部　分子軌道で解釈する有機反応

このことを説明するために，シクロペンタジエンと無水マレイン酸の反応の遷移状態における分子軌道の相互作用を考える。ただし無水マレイン酸のオレフィン部位は2つのカルボニル基と共役しているのでその分子軌道は6π電子系のLUMOを用いる。シクロペンタジエンのHOMOと無水マレイン酸のLUMOが相互作用するとき，エンド型付加物に対応する遷移状態では1次相互作用（primary interaction）といわれる結合形成部位の相互作用での位相の一致がまず重要であるが，これに加えてシクロペンタジエンの内側の2つの軌道と無水マレイン酸のカルボニル炭素上の軌道との位相の一致がある。このような2次的な相互作用（secondary interaction）がある遷移状態は，エキソ型付加物生成の遷移状態より有利になるのでエンド型付加物優先が説明される。ジエノフィルのオレフィンが共役系を形成している場合には，通常この軌道の2次的相互作用によってエンド型付加物が優先する。先に示した1,3-ブタジエンと(Z)-および(E)-2-ブテン酸メチルの反応においてもエステル基はエンドの位置にあることを確認して欲しい。以上述べたように，Diels-Alder反応では分子の立体化学が規制されるので不斉炭素を含む天然物合成などに威力を発揮することが理解できるであろう。

Diels-Alder反応における軌道の2次相互作用
エンド型付加物優先については多くの教科書や成書で軌道の2次相互作用によると説明しており，本書でもそれに従ったが，近年これについては疑問も持たれている。最近の研究の結果，他の要因も大きく作用しており，軌道の2次相互作用はそれほど大きくはないというのが一般的な理解のようである。しかしながら，完全に否定されている訳でもない。用いる反応分子の構造によって解釈も少々異なったりするようである。

エンド型付加物を与える分子軌道の相互作用（優先的に起こる）

―――― 1次相互作用
------ 2次相互作用

エキソ型付加物を与える分子軌道の相互作用

この他にもフロンティア軌道理論によって，ジエンに電子供与性置換基が存在するとジエンの HOMO のエネルギー準位が上がり，またジエノフィルに電子求引性置換基が存在するとジエノフィルの LUMO のエネルギー準位が下がるため両者のエネルギー差が小さくなって反応が有利になることが説明できる。

軌道相関図の作成とその解釈：軌道対称性の保存

前節でフロンティア軌道理論によって Diels-Alder 反応を説明したが，軌道相関図の作成とその解釈について述べておく。ここでは**軌道対称性の保存**という重要な原理に言及することになる。軌道相関図の作成の際には，反応に関わるジエンとエチレンのすべての π 分子軌道と，生成物のシクロヘキセンで新たに形成される結合の軌道すべての相関について考慮する。

まず，Diels-Alder 反応で三次元的な反応空間においてどのような対称性を保存しながら進んで行くのかを考える。2 つの分子が反応する際には，なるべく多くの対称性を保存しながら進行することが，コンパクトな反応空間を利用することになって有利になるという考え方に基づいている。そこで Diels-Alder 反応では，つぎの図で示すようにジエンとエチレンが近づいてゆく際に両方の平面分子を真ん中で 2 つに切った σ 面を考え，この σ 面対称を保ちながら進行すると想定する。

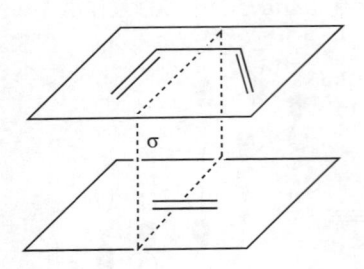

このとき，反応に関与する軌道についてもこのσ面についての対称性を考える。1,3-ブタジエンおよびエチレンのπ分子軌道のσ面対称性については，前述のπ分子軌道図からもわかるように，エネルギー準位の低い順から ϕ_1, π, ϕ_2, ϕ_3, π^*, ϕ_4 に対し，順に S, S, A, S, A, A である。この様子を次図に示した。

1,3-ブタジエンとエチレンの分子軌道のσ面対称性

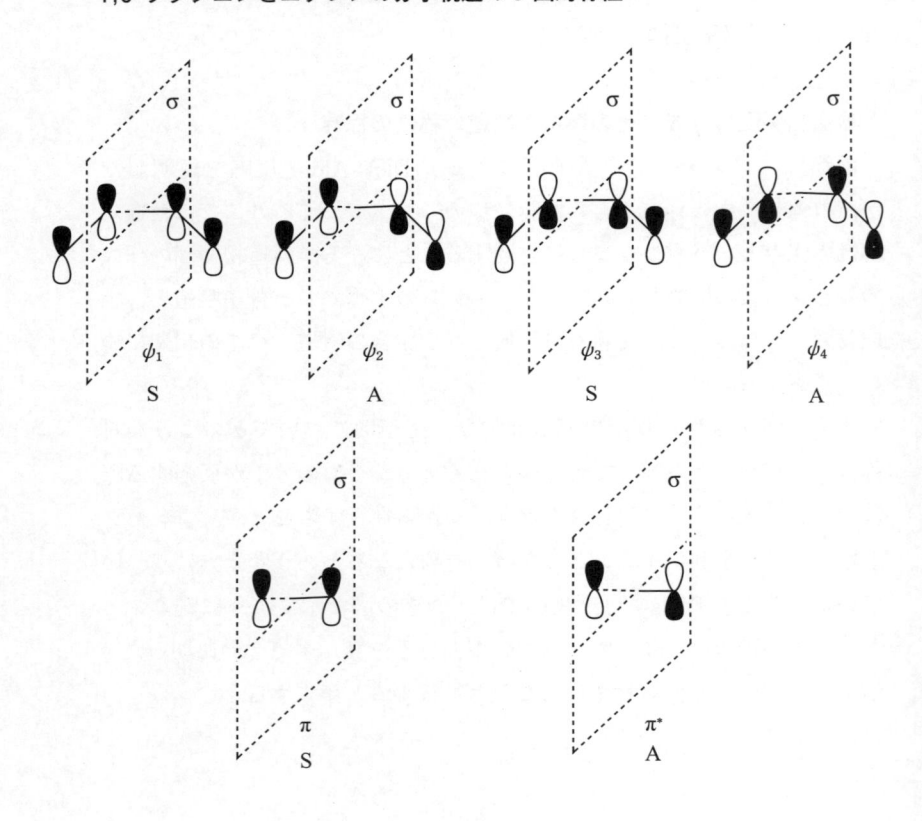

一方，生成物のシクロヘキセンの2つの σ 結合と1つの π 結合の分子軌道についてはエネルギー準位の低い方から並べると，σ_1, σ_2, π, π^*, σ_3^*, σ_4^* となって，σ 面対称性については，S, A, S, A, S, A となる。

生成物のシクロヘキセンの2つの σ 結合と π 結合の σ 面対称性

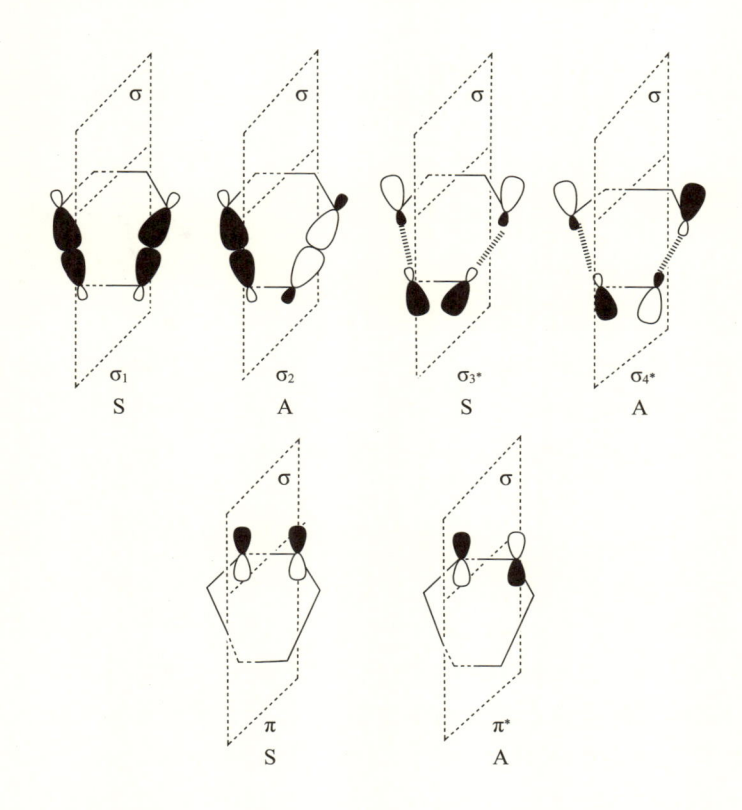

これで軌道相関図作成の準備ができたので左側にジエンとエチレンの分子軌道を置き，右側にシクロヘキセンの分子軌道を置く。ここで，両分子が σ 面対称性を保ちながら反応するのと同時に軌道の対称性も保存されるという原則を適用して，両側の各軌道の S と S，A と A を結んで相関線を引くと Diels-Alder 反応の軌道相関図ができあがる。ただし，相関線を引く際に，非交差の規則にしたがっていることを付記しておく。

軌道相関図における非交差の規則
軌道相関図で相関線を引く際に，同じ対称性の2つの軌道を結ぶ2つの相関性は交差してはならないが，異なる対称性の2つの軌道を結ぶ相関線は交差してもよいという規則で，量子化学において規定されている。たとえば，S-S と S-S の2つの相関線は交差できないが，S-S と A-A の2つの相関線は交差できる。

Diels-Alder 反応の軌道相関図

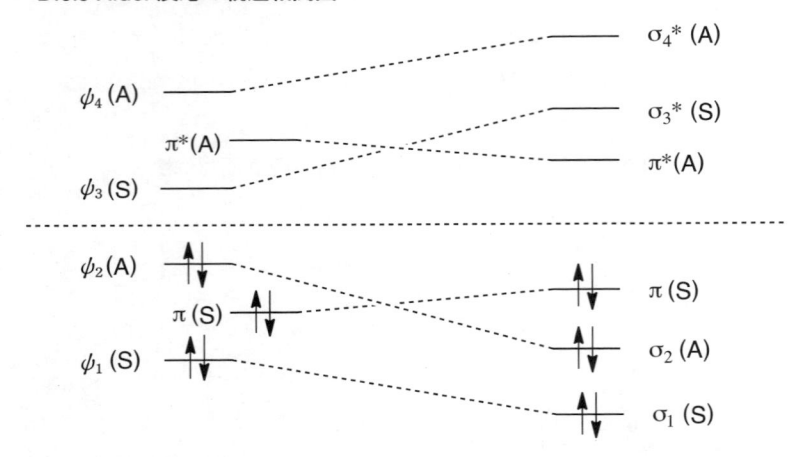

ϕ_4 (A) —————————— σ_4^* (A)

π^* (A) —————————— σ_3^* (S)

ϕ_3 (S) —————————— π^* (A)

- -

ϕ_2 (A) ↑↓ —————— ↑↓ π (S)

π (S) ↑↓

ϕ_1 (S) ↑↓ —————— ↑↓ σ_2 (A)

↑↓ σ_1 (S)

　この軌道相関図において，ジエンとエチレンのエネルギー準位の低い方から 6 個の π 電子を収容する．シクロヘキセンの側についても下の軌道から電子を収めてゆく．そうすると，反応物，生成物の両側のいずれもが基底状態で相関していることがわかる．したがって，この反応において設定した σ 面に関して軌道の対称性を保存しながら反応するならば，ジエンとエチレンのいずれも基底状態で反応することがわかる．この相関線で結ばれた軌道どうしでの電子のやりとりを，$\phi_1^2 \pi^2 \phi_2^2 \rightarrow \sigma_1^2 \sigma_2^2 \pi^2$ と表すことができ，励起状態の軌道の関与はない．Diels-Alder 反応は熱反応で進行するので，実際の分子どうしの接近も前提としたような σ 面対称性を保持しながら進むことが支持され，前述した立体特異性や軌道の 2 次相互作用によるエンド型付加物の選択的生成など，この反応の特徴である立体特異性もうまく説明できる．フロンティア軌道理論ではエネルギー的側面からの充分な考察はできなかったが，軌道相関図では軌道のエネルギー的観点と軌道対称性の保存という重要な原理に基づいた解釈ができる．

　以上のように，「軌道対称性を保存」しながら進行する反応では，「有機電子論」のように局部的に電子が偏って静電気的な相互作用により結合が局部的に生成するのとは様相がまったく異なる．Diels-Alder 反応のように，反応に関わる分子のすべての π 電子が同時に協同して反応が進行し，皆一緒に協調して音を奏でるような意味から，この Diels-Alder 反応に代表される環化付加反応を始め，電子環状反応やシグマトロピー反応などの一連の反応を含めて**協奏反応**（concerted reaction）という言葉がよく用いられる．また，Diels-Alder 反応およびつぎに述べるオレフィンの光二量化などを**協奏環化付加反応**ともいう．

例題1

　Diels-Alder 反応は 4π 電子系のブタジエンと 2π 電子系のエチレンとの付加反応である。では、4π 電子系のブタジエンどうしの付加反応は熱反応で進むであろうか。また、6π 電子系のヘキサトリエンとブタジエンとの付加反応は熱反応で進行するか、フロンティア軌道理論によって考えなさい（ヒント：熱反応なので、HOMO と LUMO の組み合わせで両末端の位相が一致するかどうかを考える）。

[解答例]

　以下に示すように、ブタジエンどうしでは一方の末端で位相が一致しないので付加反応は起こらない。一方、ヘキサトリエンとブタジエンの反応では両末端の位相が一致するため熱反応で付加反応が進行する。もっと簡単に、Hückel π 分子軌道においては、共役ポリエンの両末端の係数の符号が最もエネルギー準位の低い軌道から順に S（対称）→ A（非対称）→ S → A → ----と交互になる規則性を使えば、分子軌道図を書かなくても判断できる。例えば、ブタジエンの HOMO の末端の係数は A、LUMO は S であるので一致しないことがすぐにわかる。一方、ヘキサトリエンの HOMO は S で、ブタジエンの LUMO の S と位相が一致する。また、逆の組み合わせで、ヘキサトリエンの LUMO(A)、ブタジエンの HOMO(A) の場合も位相が一致する。

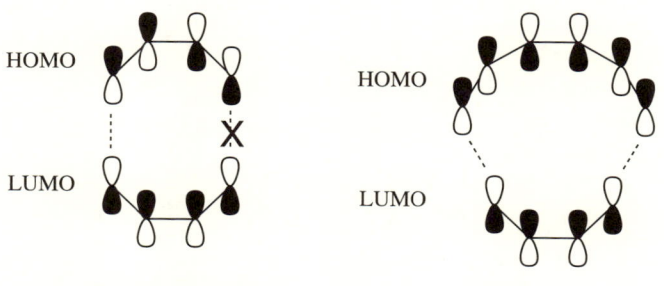

ブタジエンどうしの場合　　　　ヘキサトリエンとブタジエンの場合

　6π 電子系と 4π 電子系の協奏付加反応として以下のような例があげられる。以前にはこのような反応は知られていなかったが、Woodward-Hoffmann 則が発表されて以来、このタイプの反応の探索がおこなわれて多くの例が報告されている。

2-5　オレフィンの光二量化によるシクロブタンの生成：光反応で進行する理由

　オレフィン類は紫外線を照射すると二量化が起こってシクロブタンを生成するが、熱反応ではこのような反応は起こらない。この反応も

Diels-Alder 反応と同様にペリ環状反応に属する**協奏環化付加反応**の 1 つで分子軌道の相互作用により解釈できる。

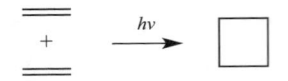

フロンティア軌道理論による解釈

この二分子のエチレンの反応についてフロンティア軌道理論を使って考えてみよう。さきの Diels-Alder 反応と同様に，一方のエチレンの HOMO ともう一方のエチレンの LUMO を接近させてみると，一方の端の位相が一致しないので結合形成が不可能であることがわかる。そこで，もしエチレンに紫外線を照射して HOMO に収容されている 2 つの電子のうちの 1 つが LUMO に収容された励起状態になったとしよう。そうすると電子が存在している最もエネルギーの高い軌道は LUMO となって，これがもう一方のエチレンの電子を受け入れる軌道，すなわち LUMO と相互作用する。したがって，一方のエチレンが励起状態での分子軌道の相互作用は LUMO-LUMO となる。このようなエチレンの LUMO-LUMO 相互作用は両末端で位相が一致し，結合の形成が有利になる。したがって，エチレンの二量化は熱反応ではなく光反応で起こることが説明される。

励起状態の分子軌道

1 電子が HOMO から LUMO に励起したとき，1 電子ずつが収容されている HOMO および LUMO を SOMO (singly occupied molecular orbital) と呼ぶことがある。このとき，エネルギー準位の高いほうを SOMO' として区別する。したがって，エチレンの光反応による二量化の LUMO-LUMO 相互作用は LUMO-SOMO' 相互作用ということができる。

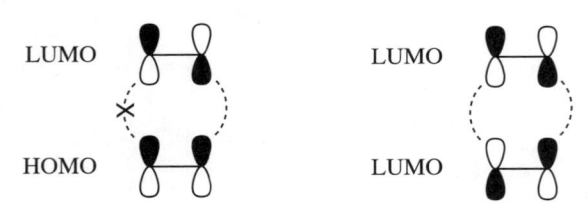

軌道相関図の作成とその解釈：軌道対称性の保存

この反応についても軌道相関図を作成し，軌道対称性の保存の原理によって解釈してみよう。上下にある 2 つのエチレンが互いに平行に近づいてシクロブタンを形成すると仮定しよう。このようにエチレン 2 分子が平行に近づいてゆく反応過程では，2 つのエチレンを縦に半分に切る面 σ_1 と 2 つのエチレン分子の間の平行な面 σ_2 の 2 つの σ 面対称性を保存しながら進行すると考える。先にも述べたが，ここで 2 つの σ 面対称を考慮するのは，協奏反応においては，できるだけ多くの対称要素を保存しながら進むのが空間的にも有利であるという原理に基づいている。

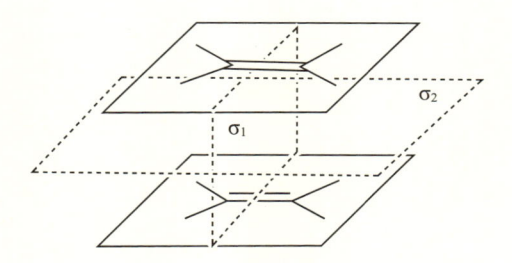

2つのエチレン分子および生成するシクロブタンの2つのσ結合について σ_1 面および σ_2 面についての対称性を調べる。これを以下の図に示す。たとえば、σ_1 面に対して対称（S）、σ_2 面に対して反対称（A）であればSAとする。

2つのエチレン分子の組み合わせにおける σ_1 面および σ_2 面対称性

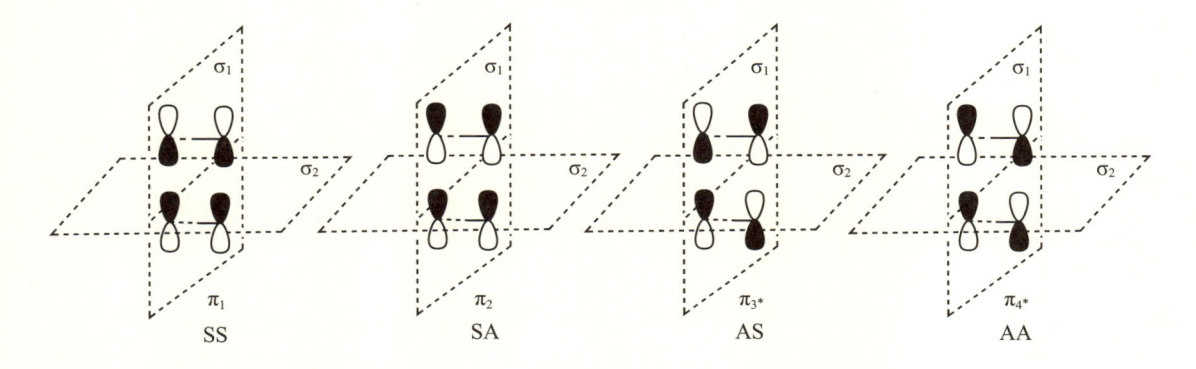

π_1	π_2	π_{3^*}	π_{4^*}
SS	SA	AS	AA

以上の4つの組み合わせを考えるが、他の以下のような組み合わせは σ_1 面および σ_2 面のいずれの面においても対称でも反対称でもないので除外する。

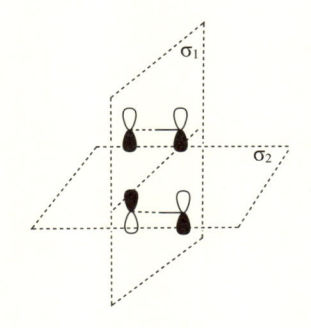

シクロブタンの σ_1 面および σ_2 面対称性

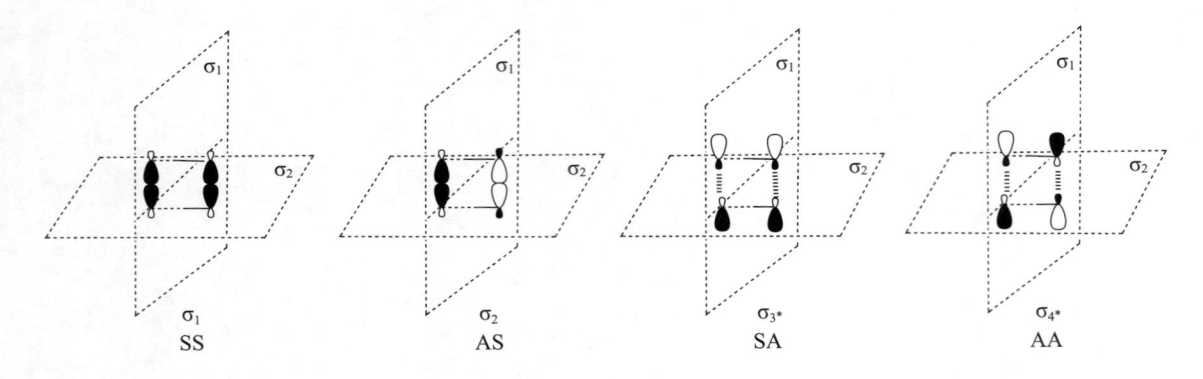

| σ_1 SS | σ_2 AS | $\sigma_3{}^*$ SA | $\sigma_4{}^*$ AA |

これらの図で示したように，2つのエチレンの π_1, π_2, $\pi_3{}^*$, $\pi_4{}^*$ の4つ軌道相互作用の両 σ 面対称性は SS, SA, AS, AA であり，一方，シクロブタンの2つの σ 結合については，σ_1, σ_2, $\sigma_3{}^*$, $\sigma_4{}^*$ について両 σ 面対称性は SS, AS, SA, AA となる。相関図作成の準備ができたので，左側に2つのエチレン分子の分子軌道を置き，右側は新たに生成するシクロブタンの2つの σ 結合軌道を置く。対称性の異なる相関線は交差できるという原理に沿って同じ対称性どうしで相関線を引くと以下の図に示したようになる。この相関図で，もし2つのエチレン分子の4個の π 電子を π_1 と π_2 に収容させると相関するシクロブタンの軌道では σ_1 と $\sigma_3{}^*$ に2個ずつの電子が入ることになり，$\pi_1{}^2\pi_2{}^2 \rightarrow \sigma_1{}^2\sigma_3{}^{*2}$ となって基底状態にあった電子2つが励起状態の軌道に入ることになるためエネルギー的に非常に不利となる。そこで，π_1 に2個，π_2 に1個の電子を配置し，1個の電子を励起させて $\pi_3{}^*$ に置くと，シクロブタンに移行する際に $\pi_1{}^2\pi_2{}^1\pi_3{}^1 \rightarrow \sigma_1{}^2\sigma_2{}^1\sigma_3{}^{*1}$ となって，交差した部分でエネルギーが相殺され，反応が有利に進行することがわかる。

エチレンの二量化の軌道相関図

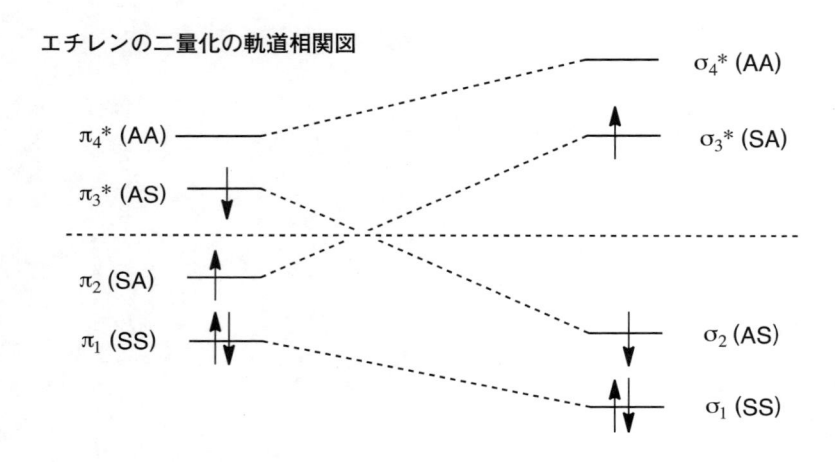

以上のようにして，エチレンの二量化は一方のエチレンが励起した状態，すなわち光反応で進行することが説明される。言い換えるならば，光反応でエチレン2分子からのシクロブタン生成ではエチレン分子2つが軌道対称性を保存しながら，すなわち，三次元的には対称面を保持しながら進行する。以下の実際に観察されている(Z)-および(E)-2-ブテンの光照射による反応では，いずれも2種類のシクロブタンの立体異性体を生成するが，その立体特異性は2分子のオレフィンがその幾何学的な形を保ちつつ，かつ対称面を保持して近づいていく反応過程を示唆している。

　一方，特別な反応条件下でエチレン2分子がいずれも基底状態で反応する場合もあるが，この場合では，対称性を保存しながらの両分子の接近はエネルギー的に不利（HOMO-LUMO相互作用）となって困難であるので，反応は非協奏的な反応，たとえば段階的なラジカル反応で進行する。このような反応では立体化学は保持されない。

2-6 鎖状共役ポリエンの電子環状反応：Woodward-Hoffmann 則の森の中へ

フロンティア軌道理論による解釈

ここまで読み進んだ諸君はすでに Woodward-Hoffmann 則の森の中に踏み込んでいる。ついでに Woodward-Hoffmann 則の先駆けとなった反応について述べよう。これは 1,3,5-ヘキサトリエンと 1,3-シクロヘキサジエンの間の異性化の話で，電子環状反応（electrocyclic reaction）と呼ばれる一連の反応のうちの 1 つでもある。この反応についてもフロンティア軌道理論と軌道相関図からの両方の解釈が可能である。

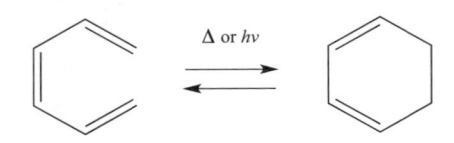

1,3,5-ヘキサトリエンから 1,3-シクロヘキサジエンに移行する反応では，熱反応では 1,3,5-ヘキサトリエンの 6 つの π 分子軌道のうちの HOMO，すなわち ϕ_3 を考慮し，一方，光反応では 1 電子が励起した状態にあるので LUMO，すなわち ϕ_4 について考える。HOMO では両末端の位相は対称（S）であるので，両末端の位相が一致して結合するためには 2 つの p 軌道が逆の向きに回る必要がある。これを逆旋回転 disrotatory という。一方，LUMO の両末端の位相は反対称（A）なので両末端が結合するためには，同じ向きに回転しなければならず，これを同旋回転 conrotatory という。したがって，熱反応によって 1,3,5-ヘキサトリエンから 1,3-シクロヘキサジエンに異性化する場合には逆旋回転で進行し，光反応では同旋回転によって閉環する。この様子をつぎの図に描いた。これらの回転の様子は自動車のワイパーの動きにたとえられる。同旋回転はフロントガラスのスペースの小さな小型自動車のワイパーの同方向の動きと同じで，逆旋回転は大きなフロントガラスをもつ大型バスやトラックの 2 つのワイパーの逆向きの動きに似ている。図中の回転方向を示す矢印の向きに注意して欲しい。

Woodward-Hoffmann 則

R. B. Woodward と R. Hoffmann は 1965 年に 1,3,5-ヘキサトリエンの環化において，有機電子論では説明できない立体特異的な反応について分子軌道を用いて説明した。この規則の根本原理は，π 電子系化合物の反応における軌道対称性の保存であり，一連の π 電子系化合物の反応がこの規則にしたがって分子の 3 次元的構造変化や 2 分子反応における接近の仕方などの反応様式が規定されるということである。この範疇の反応として電子環状反応，シグマトロピー反応，協奏環化付加反応，キレトロピー反応がある。Woodward と Hoffmann はそれらの反応およびその分子軌道による解釈を "The Conservation of Orbital Symmetry（軌道対称性の保存）" というタイトルの総説にまとめている (R. B. Woodwarda and R. R. Hoffmann, *Angew. Chem. Int. Ed.*, **1969**, *8*, 781-853)。この総説には全訳が出版されている。その後，多数の研究者によって Woodward-Hoffmann 則に関する多くの成書が書かれている。

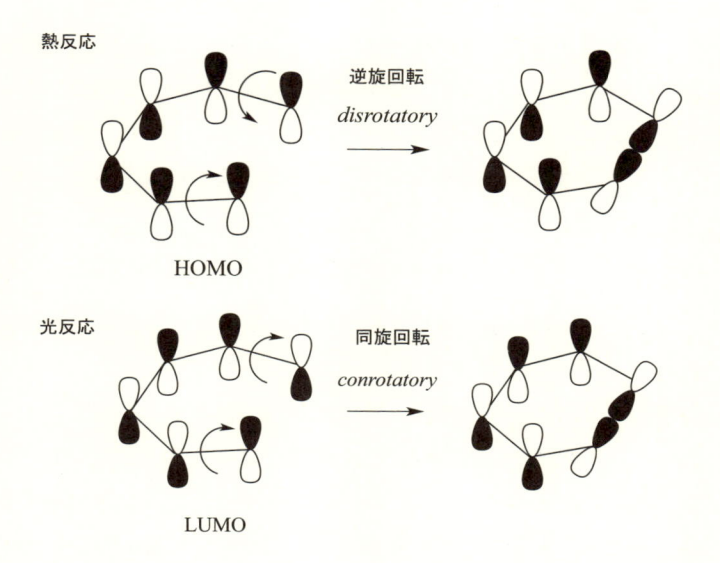

1,3,5-ヘキサトリエンを用いる上述の異性化では同旋回転が起こったのか，あるいは逆旋回転で反応が進行したのかは，いずれも生成物は同じ構造になるので区別がつかない。そこで以下の反応をみていただきたい。1,3,5-ヘキサトリエンの両末端にメチル基を導入した 2,4,6-オクタトリエンでは熱反応と光反応とでは生成物の立体化学が異なる。すなわち，熱反応では逆旋回転によってシス体が生成し，光反応では同旋回転によってトランス体が生成する。これらは反応条件によって特異的に生成する。このような反応の説明に対して有機電子論はまったく無力である。この反応は Woodward と Hoffmann が一連の研究の第1報として報告したものである。

他の鎖状共役ポリエンの電子環状反応についても考えてみよう。1,3-ブタジエンは 4π 電子系なので，HOMO の両末端の符号の対称性は A，LUMO では S になるので，熱反応では同旋回転，光反応では逆旋回転と

なる。前述したヘキサトリエンの6π電子系と回転の様式が入れ替わっている。同様に，8π電子系の共役テトラエンでは熱反応では同旋回転，光反応では逆旋回転になる。したがって，二重結合が1つずつ増して共役系が長くなるごとに回転様式が交互に逆になる。こうして鎖状共役ポリエンの電子環状反応を以下のようにまとめることができる。

> $4n\pi$電子系：熱反応では同旋回転，光反応では逆旋回転で進行する。
> $(4n+2)\pi$電子系：熱反応では逆旋回転，光反応では同旋回転で進行する。

このような分子軌道から予測される回転モードは，数多くの実験事実と矛盾しない。

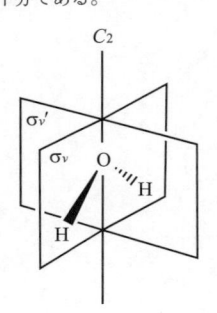

軌道相関図の作成とその解釈：軌道対称性の保存

一方，軌道相関図からもこの反応を考察してみよう。この反応において保存される対称については，逆旋回転ではヘキサトリエンの分子を二分するσ面対称を保存しながら進行するのに対し，同旋回転では分子平面上を貫くC_2軸対称（ある軸の回りにその分子を180°回転すると，もとの分子の形と重ね合わせることができることの表現）を保存しつつ進行する。これらの対称操作を下図に示す。

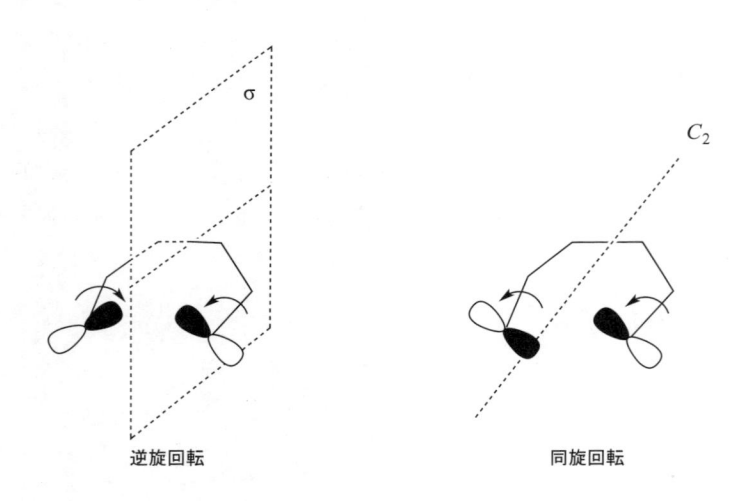

逆旋回転　　　　同旋回転

1,3,5-ヘキサトリエンのπ分子軌道はϕ_1からϕ_6まであるが，この反応ではそれらの軌道に収容されている6π電子がシクロヘキサジエンへの異性化に伴って1つのσ結合と2つのπ結合が生成する。シクロヘキサジエンで考慮する軌道はエネルギー準位の低い順から，σ, π_1, π_2, π_3^*, π_4^*, σ^*の6つである。これらの軌道について，逆旋回転の場合に保持されるσ面対称性と，同旋回転の場合に保持されるC_2軸対称性を調べる。以下の表にそれぞれの対称性をまとめた。

分子の対称性

分子の対称性とは，ある対称操作をおこなったとき，もとの分子の形と重ね合わせることができることをいう。たとえば，分子中に設定したある軸の回りに一定の角度を回転させる操作（回転），分子中のある面を設定したときその面を鏡として分子の一方の側が他方の鏡像となる対称操作（鏡映）などがある。これらのいくつかの対称操作の集まりを点群という。水分子は折れ曲がった分子構造をもつが，酸素原子を通る軸を考えると180°回転による対称操作があり，360°/180°=2よりこれをC_2で表し，また，このC_2軸を含む対称面σ_v, σ_v'の2つを有し，さらに恒等操作とよばれる何の操作もしないことを意味するE（対称操作の数学的取り扱いに必要となる）を加えてC_{2v}という点群（対称操作の集合：C_{2v}は上述のE, C_2, σ_v, σ_v'という4つの対称操作の集合）に属するという。またこのような対称操作を扱う理論を群論といい，対称性を有する分子の理論的考察では極めて重要になる。詳しくは他の成書で学んでいただきたいが，本書で記述する範囲ではσ面対称とC_2軸対称だけで十分である。

2 π分子軌道による有機化合物の性質と反応の解釈

1,3,5-ヘキサトリエンのπ分子軌道の σ面および C_2 対称性

	σ	C_2
ψ_6	A	S
ψ_5	S	A
ψ_4	A	S
ψ_3	S	A
ψ_2	A	S
ψ_1	S	A

1,3-シクロヘキサジエンのσ結合とπ分子軌道の σ面および C_2 対称性

		σ	C_2
	σ*	A	A
	π_4^*	A	S
	π_3^*	S	A
	π_2^*	A	S
	π_1^*	S	A
	σ	S	S

　ヘキサトリエンとシクロヘキサジエンの各軌道についてエネルギー準位の低い順に下から並べて左右に置き，非交差の規則を適用して，それぞれ同じ対称性をもつ軌道どうしを結ぶと，逆旋回転（σ面対称保存）および同旋回転（C_2対称保存）についての軌道相関図ができる。

逆旋回転（σ面対称保存）に関する軌道相関図

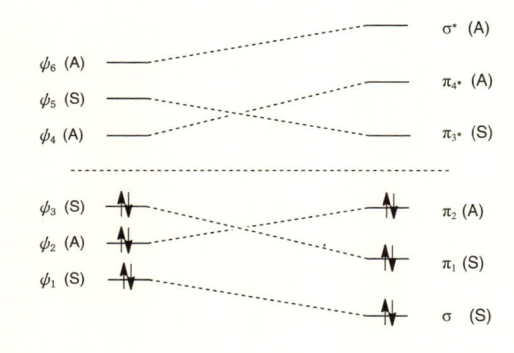

同旋回転（C_2対称保存）に関する軌道相関図

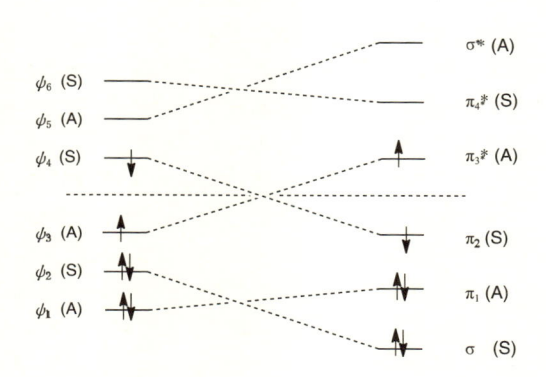

111

ここに 6π 電子を収容させるが，逆旋回転では ϕ_1 から ϕ_3 に6個の電子を配置すると，$\phi_1{}^2\phi_2{}^2\phi_3{}^2 \to \sigma^2\pi_1{}^2\pi_2{}^2$ となっていずれも基底状態なので熱反応で進み，一方，同旋回転では，ヘキサトリエンの1電子を励起させるとその電子配置は $\phi_1{}^2\phi_2{}^2\phi_3{}^1\phi_4{}^1 \to \sigma^2\pi_1{}^2\pi_2{}^1\pi_3{}^{*1}$ となってエネルギー的に有利で反応が進行するのがわかる。つまり同旋回転が起こる場合には光反応ということが示される。当然のことではあるが，これらの結果はフロンティア軌道理論による解釈と一致する。

コラム5　化学発光と生物発光：ホタルの発光を電子の動きで解釈する

初夏の夜にホタルが舞う姿は日本の代表的な風物詩であり，人々はその神秘的な光に魅了されてきた。そのホタルの発光も光化学の研究の進展により化学の言葉で説明できるようになってきた。ホタル（蛍）は酵素の働きによって空気中の酸素を使って酸化反応をおこない，文字通り，蛍光を発している。近年になってホタルの発光の機構が電子の移動によって解釈されているので，その理解のためのバックグラウンドとともに紹介する。

蛍光物質に紫外線を照射するとエネルギーの高い電子状態である励起状態となるが，基底状態に戻る際にそのエネルギーを光として放出して発光する。このことを分子軌道で説明してみよう。図に示したように，蛍光物質において基底状態で HOMO に収容されている1対の電子のうち，1個の電子が紫外線のエネルギーを受けて励起し，LUMO に入った状態，すなわち励起状態になるが，この電子が HOMO に戻って再び基底状態になるときにそのエネルギーを可視光として放出する。したがって，蛍光物質の条件としては HOMO と LUMO のエネルギー差が可視光の波長領域に相当することが必要である。

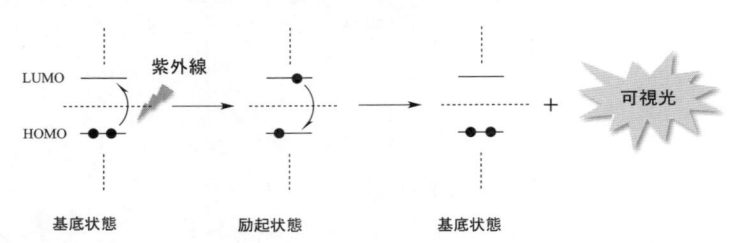

化学発光（ケミルミネッセンスとも呼ばれる）は，化学反応（主に酸化反応）によってエネルギーの高い中間体を生成し，その分解の際に蛍光物質の励起状態を生成することで発光する現象である。有名なルミノール反応や，イベントなどの光源として利用されている過シュウ酸エステル化学発光などが代表的なものである。化学反応としては極めて特殊なものであるが，過シュウ酸エステル化学発光について発光機構を説明する。以下の反応式で示すように，反応性に富むシュウ酸エステルはアルカリ性過酸化水素を求核種とする求核アシル置換反応によってジオキセタン中間体を生じる。この中間体は過酸化物の特徴である酸素—酸素結合をもつので隣接する酸素原子の非共有電子対どうしの反発を生じているうえに，四員環構造のため構造的にかなりひずんだ状態にある。そのために高エネルギーとなって，非常に不安定で分解しやすい。このジオキセタン高エネルギー中間体は強い電子受容体なので，電子放出能の高い（酸化電位が低い）蛍光剤の HOMO に収容されている2電子のうち1電子がジオキセタンの酸素–酸素結合の反結合性軌道に移動してジオキセタンと蛍光剤のラジカルイオン対が生成する。反結合性軌道に電子が入ったジオキセタンラジカルアニオンはただちに分解して二酸化炭素になるが，このとき，二酸化炭素と蛍光剤のラジカルイオン対となった後に，1電子が蛍光剤ラジカルカチオンに戻される。その際に蛍光剤の LUMO に電子が入って励起状態になるが，この状態は蛍光物質に紫外線を照射した状態と同じで蛍光を発する。この電

子移動による発光は chemically initiated electron exchange luminescence（CIEEL）と呼ばれ，多くの化学発光機構に適用されている。花火大会等の夜店で売られてもいるが，イベント等の演出で使われるプラスチックのスティックを折り曲げて発光させるものはこの過シュウ酸エステル化学発光で，蛍光剤の種類によって様々な色の発光が可能である。

過シュウ酸エステル化学発光の機構：CIEEL機構

化学発光の話が長くなったが，ホタルの発光も上述の CIEEL 機構によって説明されている。ホタルは酵素ルシフェラーゼの働きによって空気中の酸素を酸化剤として利用し，ホタルルシフェリン（アミノ酸から生合成される）からジオキセタン高エネルギー過酸化物中間体を生成する。この中間体はフェノキシアニオンからジオキセタンへの分子内電子移動による CIEEL 機構でラジカルアニオンとなった後に分解し，蛍光性の酸化生成物，オキシルシフェリンの励起状態を生じる。このオキシルシフェリンの蛍光がホタルの発光である。ホタルはこの発光の点滅で雄雌間の交信をおこなっている。生物の発光を生物発光（バイオルミネッセンス）といい，化学発光と生物発光のうちでもホタルの発光が最も効率よくおこなわれているとされている。

ホタルの発光の機構

ジオキセタン高エネルギー中間体が関わる CIEEL 機構は，ホタルの他にも海ボタル，ホタルイカ，オワンクラゲなど多数の生物発光にも適用される。形態も大きく異なる陸と海の生物がよく似た機構で発光し

ていることは興味深い。2008年にノーベル化学賞を受賞した下村脩博士は，84万匹ものオワンクラゲを採集し，苦労の末に結晶として得た発光物質の構造を決定した。その研究過程で緑色蛍光性タンパク質（GFP）を発見し，これが後に生命科学の発展に大きく貢献したことがノーベル賞につながった。オワンクラゲの発光物質に関する最初の論文を発表してから40年以上も後のことである。基礎研究がずっと後になって大きく開花した好例である。

3 環状共役ポリエンのπ分子軌道と芳香族性：Hückel $(4n+2)$ 則

さて，先に Hückel 分子軌道法により鎖状共役ポリエンのπ電子分子軌道とエネルギーを求めたが，環状共役ポリエンについてもπ分子軌道とそのエネルギーを求めることができる。これによって Hückel 則として知られる環状共役ポリエンにおける芳香族性が説明しよう。

Hückel 則とは，**平面構造を持つ環状共役ポリエンにおいて，分子平面上下のπ電子雲に $(4n+2)$ 個のπ電子をもつ化合物は芳香族性である**というものである。6個のπ電子を持つベンゼンは $n=1$ に相当する。したがって，もはや芳香族性とは芳香を有するという意味ではなく，ベンゼンのような芳香族化合物では大きな共鳴エネルギーを得て安定化するため，特別な性質を示すということである。

> **芳香族性**
> バニラや桂皮など，芳香を有する化合物はベンゼン環を含むものが多かったので，かつてはこれらの一連の化合物を芳香族化合物といったが，現代の有機化学で使われる芳香族性の意味するところは芳香を放つ化合物のことではない。芳香族化合物の代表であるベンゼンは大きな共鳴エネルギーをもち，反応過程において環状共役6π電子系がくずれても，再び6π電子系のベンゼン環を回復する方向に反応が進行する。芳香族求電子置換反応がその代表的なものである。また，ベンゼンの環状共役6π電子系は大きな環電流を誘起し，核磁気共鳴ではベンゼン環に結合する水素はオレフィン類の不飽和炭素に結合する水素と較べてかなり低磁場側にシフトする。このような性質はベンゼン環を有するものだけでなく，Hückel 則にしたがう化合物において観測される。

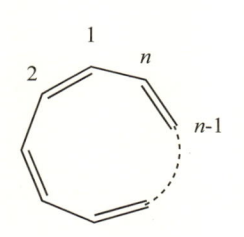

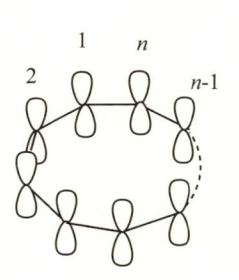

では，ふたたびπ電子系 Hückel 分子軌道法の計算にとりかかろう。上図に示した正 n 員環の共役ポリエンの分子軌道を以下のように書く。この式の形は鎖状共役ポリエンの(13)式とまったく同じであるが，今回は環状なので n 番目のとなりの炭素原子は1番目の炭素原子になる。すなわち，$c_{n+1}=c_1$ という条件が環状であることを意味する。

$$\varphi_j = c_1\phi_1+c_2\phi_2+\cdots+c_m\phi_m+\cdots+c_n\phi_n$$

また，各π分子軌道エネルギーを

$$\varepsilon = \alpha+\lambda\beta$$

とおく。すでに鎖状共役ポリエンのところで，係数 c_m と λ の関係については以下のような漸化式を得ている。

$$c_{m-1}-\lambda c_m+c_{m+1} = 0$$

ここで上記の漸化式を満たす係数 c_n として以下のような指数関数をおく。

$$c_n = A \exp(ikn)$$

これを上記の漸化式に代入すると

$$A \exp\{ik(n-1)\} - \lambda A \exp(ikn) + A \exp\{ik(n+1)\} = 0$$

$$A \exp(ikn)\{\exp(-ik) - \lambda + \exp(ik)\} = 0$$

$$\therefore \lambda = \exp(ik) + \exp(-ik)$$

ここで，ふたたび指数関数と三角関数のオイラーの関係式を挙げる。

$$\exp(ik) = \cos k + i \sin k$$

および

$$\exp(-ik) = \cos k - i \sin k$$

これらの両式より

$$\lambda = \exp(ik) + \exp(-ik) = 2\cos k$$

一方，環状共役ポリエンであることから

$$c_{n+1} = c_1$$

ゆえに

$$A \exp\{ik(n+1)\} = A \exp(ik)$$

これより

$$\exp(ikn) = 1$$

$\exp(ikn) = \cos kn + i \sin kn$ なので $\cos kn = 1$

$$\therefore kn = 2j\pi \quad (j = 1, 2, \cdots, n)$$

すでに $\lambda = 2\cos k$ が求められているので

$$\lambda = 2\cos\frac{2j\pi}{n}$$

これでエネルギー ε の一般式が得られる。$\varepsilon = \alpha + \lambda\beta$ より

$$\varepsilon = \alpha + \left(2\cos\frac{2j\pi}{n}\right)\beta \quad (j = 1, 2, \cdots, n) \tag{19}$$

この結果を使って環状 π 電子系化合物の芳香族性について考えてみよう。まずベンゼンについてその π 電子エネルギーを計算してみる。π 電子のエネルギーはその電子が収容されている π 分子軌道のエネルギーに相当する。ベンゼンでは $n=6$ であり、各軌道のエネルギーは (19) 式において、$j=1, 2, \cdots, 6$ までの値を代入することにより計算され、結果は以下のようになる。このうち、二組の同じエネルギー準位があり、縮退あるいは縮重しているという。

$$\varepsilon = \alpha+\beta, \alpha-\beta, \alpha-2\beta, \alpha-\beta, \alpha+\beta, \alpha+2\beta$$

$\alpha, \beta < 0$ であることに注意して、これらの値から以下のようなエネルギー準位図で表し、全 6 個の π 電子について各軌道に 2 個ずつの π 電子を配置する。

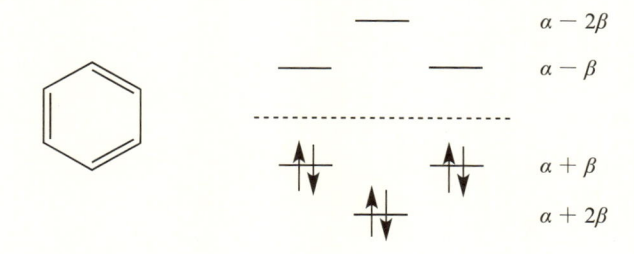

よってベンゼンの 6 個の全 π 電子エネルギー E は

$$E = (\alpha+2\beta)\times 2 + (\alpha+\beta)\times 4 = 6\alpha + 8\beta$$

となる。

つぎにベンゼンの 3 つの二重結合がまったく相互作用がなく独立して存在するとした場合を考える。そのときの 6 個の π 電子の全エネルギーはエチレン 3 分子の 6 個の π 電子エネルギーに相当すると考えてよい。エチレンの π 電子 1 個のエネルギーはすでに計算したように、$\alpha+\beta$ である。したがって、共役していない 3 つの二重結合の 6 個の π 電子の全エネルギー E' は

$$E' = (\alpha+\beta)\times 6 = 6\alpha + 6\beta$$

である。したがって、ベンゼンの 6 個の π 電子エネルギーとの差は

$$E' - E = -2\beta$$

で，-2β だけ安定化していることになる。このようにしてベンゼンの芳香族性，すなわち，ベンゼンが共鳴エネルギーを獲得することが理論的に説明された。この -2β の値はベンゼンの燃焼熱や水素加熱測定により実験的に求められており，36 kcal/mol である。ここで注意して欲しいのは，ベンゼンの分子軌道エネルギー準位に電子を6個満たしたとき，$\varepsilon = \alpha (\lambda = 0)$ の基準線よりも下にある3つの軌道にすべての電子が収まっていることであり，これを**閉殻構造**といって，大きな共鳴エネルギーを獲得している状態にある。

では，シクロブタジエンではどうであろうか。計算してみよう。(19)式において $n=4$ とし，$j=1, 2, 3, 4$ に対してそれぞれ，$\varepsilon = \alpha$, $\alpha - 2\beta$, α, $\alpha + 2\beta$ を得る。エネルギー準位図を示すと以下のようになる。シクロブタジエンの π 電子は4個なので，まず $\varepsilon = \alpha + 2\beta$ の軌道に2個の電子を収容した後，$\varepsilon = \alpha$ に同じ向きのスピン（平行スピン）で別々の軌道に分散する。これは，電子を配置する際に同じエネルギー準位の軌道が複数ある場合には平行スピンで散らばって配置されるという Hund の規則による。

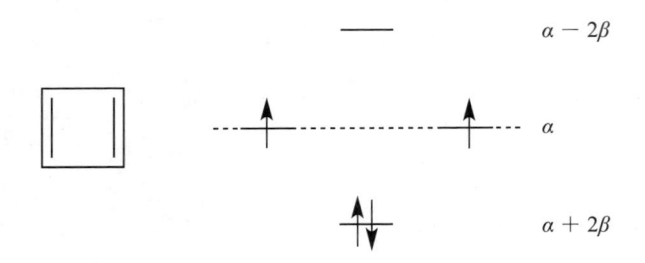

したがって，4個の π 電子の全エネルギー E は

$$E = (\alpha + 2\beta) \times 2 + 2\alpha = 4\alpha + 4\beta$$

である。共役していない2つの二重結合の4個の π 電子エネルギーはエチレン2分子の4つの π 電子に相当するので $E' = (\alpha + \beta) \times 4 = 4\alpha + 4\beta$ となり，シクロブタジエンの 4π 電子のエネルギーとの差は

$$E' - E = 0$$

となって，共鳴エネルギーは0となる。シクロブタジエンの 4π 電子は Hückel の $(4n+2)$ 則に適合しておらず反芳香族性であり，共鳴エネルギーを獲得できないので安定化されないことがこの計算からわかる。実

3 環状共役ポリエンのπ分子軌道と芳香族性：Hückel $(4n+2)$ 則

際に，シクロブタジエンは大きな歪みをもち，非常に不安定なので無置換のものはいまだに純粋なものとしては単離されていない。

さて，正 n 員環共役 π 電子系化合物の π 電子エネルギーと n との関係を一般化してみよう。(19)式の三角関数の部分において，$2\cos\dfrac{2j\pi}{n}$ を $2\cos\dfrac{2\pi}{n}\times j$ のように書けば，β の係数は，半径を 2 とする円において一周分の 2π を n 等分するとき，$j=1, 2, \cdots, n$ に対応する横軸の値となる（下左図参照）。β の係数の最大値は 2 で $\varepsilon=\alpha+2\beta$ に相当し，円と横軸の右側の交点となる。ベンゼン（$n=6$）の例でみると，円周を 6 等分し，その交点における ε のエネルギー値を示したのが下の左図である。ここで $j=n$ のとき，必ず $\varepsilon=\alpha+2\beta$ となり，これが最小値となる（$\alpha, \beta<0$）。この図を 90° 回転して最小値となる $\varepsilon=\alpha+2\beta$ を下におくと，ベンゼン分子の形である正 6 角形の内接円ができ，その接点がそれぞれのエネルギー準位となる。

> **シクロブタジエン誘導体の合成**
>
> シクロブタジエンそのものは極めて不安定なため，その合成は困難を極めるが，その誘導体の合成の試みとして，4つのベンゼン環を回りに結合したり，4つの tert-ブチル基を結合させたりして安定性を増加させたものが合成されている。近年では，ある分子の分解生成物として過渡的に生成させたり，分子フラスコといって，不安定な分子を閉じ込める特別な分子の中で無置換のシクロブタジエンを一定時間存在させることができるようになった。

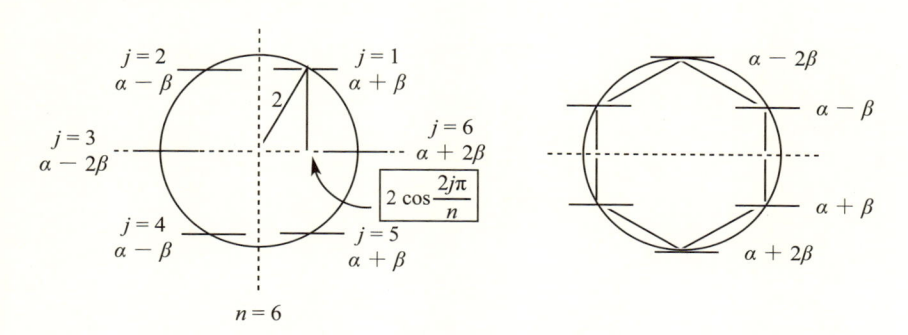

この作業を $n=2$ から $n=8$ までおこない，正 n 員環について正 n 角形の内接円を描くと，その接点がそれぞれの分子軌道のエネルギー準位を示している。

$n=3$　　　$n=4$　　　$n=5$

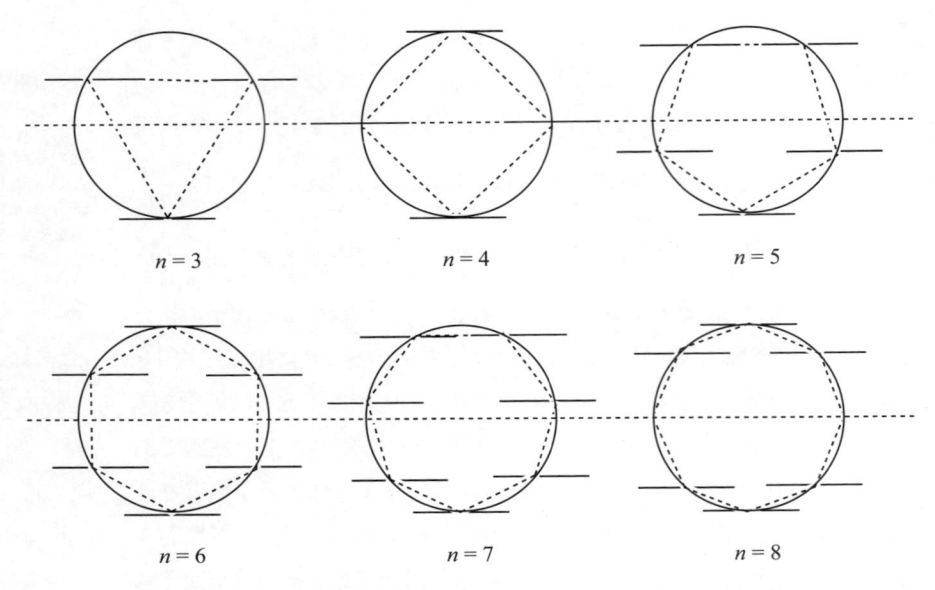

$n=6$　　　$n=7$　　　$n=8$

さて，ベンゼンに関する説明ですべてのπ電子が閉殻構造に収まったときに大きな共鳴エネルギーを獲得すると述べた。そこで，一般化して閉殻構造とは以下のように電子が収容される状態とすると，Hückel 則でいう $(4n+2)$ が理解できる。

$$\left(\underline{} \quad \underline{} \right)_n \quad \substack{\text{対象とする多角形によって} \\ \text{異なるエネルギー準位となる}}$$

$\varepsilon = \alpha \quad (\lambda = 0)$

$\left(\underline{\uparrow\downarrow} \quad \underline{\uparrow\downarrow} \right)_n$

$\underline{\uparrow\downarrow} \qquad \varepsilon = \alpha + 2\beta$

最低のエネルギー準位は常に $\varepsilon = \alpha + 2\beta$ で，ここには 2 つの π 電子が収容される。その上の軌道は正 n 角形の内接円の図からわかるように常に縮退しているので $4n$ 個の電子が収容されることになる。したがって，閉殻構造になる場合には $(4n+2)$ 電子が存在することになる。

では，6 員環以外の化合物について考えてみよう。たとえば，$n=5$ に

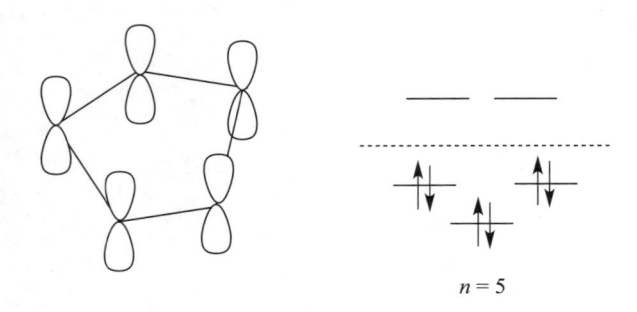

$n=5$

相当する 5 員環化合物で p 軌道が 5 個並ぶ状況を想定する。もしここに 6π 電子が存在すれば，閉殻構造になるため芳香族性を有することになる。

このような状態は，ヘテロ原子を有する 5 員環化合物のフラン，チオフェン，ピロールなどが相当する。それぞれ酸素原子，硫黄原子，窒素原子の非共有電子対が 6π 電子系の一部となって芳香族性を有する。

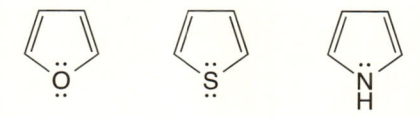

ところで，芳香族化合物は中性分子とは限らない。5 員環構造をもつシクロペンタジエンを強塩基と作用させて生成するシクロペンタジエニルアニオンは 6π 電子系となって芳香族性である。金属イオンが 2 つのシクロペンタジエニルアニオンに挟まれたサンドウィッチ構造を有するメタロセンは有名である。

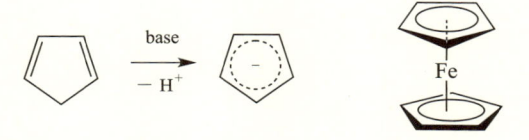

つぎに，3 員環化合物の例を挙げよう。3 員環で p 軌道が並ぶ様子を以下に示す。この状態で π 電子が 2 個存在すれば $(4n+2)$ において $n=0$ に相当して閉殻構造になる。

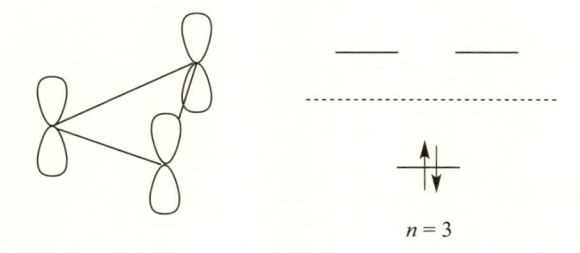

3-クロロシクロプロペンに塩化銀を作用させると，塩素イオンを脱離してシクロプロペニウムカチオンを生成する。この化合物は芳香族性を有する。しかしながら，芳香族性といってもシクロプロペニウムカチオンは安定な化学種であるということではなく，その構造，すなわち，3員環で大きな歪みを有しているので極めて不安定であることが予想されるが，その寿命は予想されるよりも長く，これは芳香族性を有していることによると解釈できるということである。

さらに，7員環化合物のシクロヘプタトリエン誘導体から生成するシクロヘプタトリエニルカチオンは $n=7$ の 6π 電子系で芳香族性となる。このことは，ヒノキチオールという化合物において，カルボニル基の分極により環内が 6π 電子系となるためフェノールのように芳香環に水酸基が結合した構造になることで酸性を示すことの理由になっている。

最後にもうひとつ，シクロオクタテトラエンは環状構造で 8π 電子をもつ化合物であるが，Hückel の $(4n+2)$ 則に反するので反芳香族化合物である。そのため4つの二重結合はほとんど共役系を形成せず，折れ曲がった構造になっている。ところが，金属カリウムを作用させると2つの電子を受け取ってジアニオンが生成し，これは 10π 電子系となってHückel 則を満たし，芳香族性となる。このジアニオンはウランと錯体を形成してウラノセンと呼ばれる化合物になることが知られている。

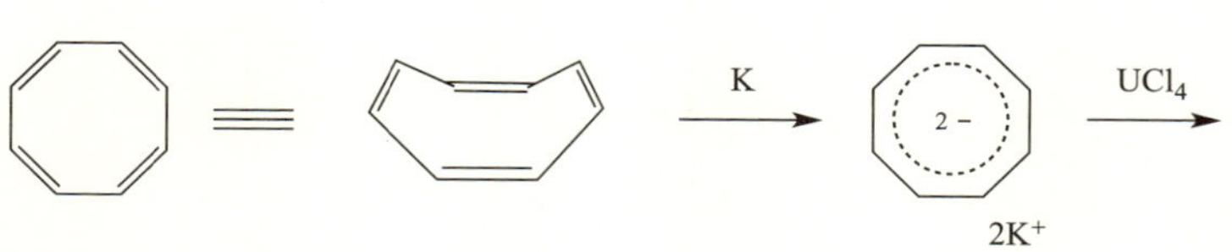

3　環状共役ポリエンのπ分子軌道と芳香族性：Hückel (4n+2) 則

以上のようにして，Hückel 分子軌道法の計算から芳香族性に関する Hückel の (4n+2) 則の理解が深められたと思う。

> **コラム6　芳香族化合物：アヌレン**
>
> Hückel の芳香族性の定義は，平面構造の上下に (4n+2) 個の π 電子を含む環状 π 電子雲をもつ化合物ということである。一般式が $(CH)_m$（ただし m は偶数）で示され，すべての二重結合が共役している単環式の炭化水素をアヌレンという。アヌレンのうち，Hückel の (4n+2) 則で $n=1$ の場合はベンゼンで芳香族性を有することは周知のことであるが，$n = 2, 3, 4$ の場合はどうであろうか。$n=2$ の化合物はシクロデカペンタエンまたは [10] アヌレンともいう化合物で，二重結合の幾何異性により 2 つの異性体が存在する。すべての二重結合がシス体の [10] アヌレンでは結合角が 120° よりもかなり大きくなってひずむため平面構造を保つことができない。一方，2 つの二重結合がトランス体のものは内側に位置する 2 つの水素原子間で立体障害が生じるため，こちらも平面構造を取ることができない。したがって，これら 2 つの [10] アヌレンは Hückel の芳香族性の定義のうち，平面構造という条件を満たすことができないため，いずれも芳香族性ではない。では，もし何らかのくふうにより平面構造をもつ [10] アヌレンを合成することができればどうであろうか。トランス体を含む異性体の [10] アヌレンの内側の水素原子を除去して立体障害を解消すれば Hückel の定義を満たすことができるかもしれない。このような目的で架橋 [10] アヌレンが合成され，シクロデカペンタエン環が平面構造を保つことができるようになって芳香族性を有することが確かめられた。
>
> 全シス[10]アヌレン 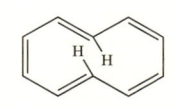　　トランス体二重結合を含む[10]アヌレン 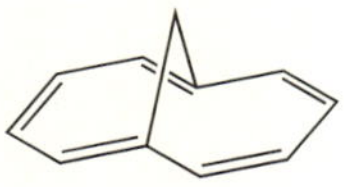　　架橋[10]アヌレン 
>
> さらに $n=3$ の [14] アヌレンは平面構造で芳香族性を示し，また，$n=4$ の [18] アヌレンについても平面構造を保ち，芳香族性であることが知られている。Hückel 則は健在である。一方，[22] アヌレンや [26] アヌレンに関する研究もおこなわれているが，環が大きすぎると平面構造を維持しにくくなるため芳香族性は減少すると言われている。
>
> [14]アヌレン　　[18]アヌレン

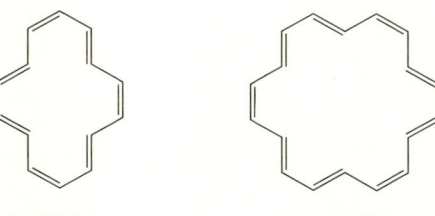

あとがき

　本書で勉強していただいた諸君には，「有機電子論」あるいは「分子軌道で解釈する有機反応」について理解を深めていただけたであろうか．いずれも最もわかりやすい説明を心掛けたつもりである．

　第Ⅰ部の「有機電子論」は慣れてしまえば，そう多くはない，いくつかのパターンを繰り返し利用していることに気づかれると思う．これができるようになれば多くの有機化学反応のしくみを理解できるようになって有機化学が楽しくなるに違いないと確信している．さらに教科書や有機反応機構を扱っているハイレベルの成書で力をつけていただきたい．

　第Ⅱ部を読み進めてきた諸君は，有機電子論では説明できなかった有機化学におけるいくつかの重要な事項が分子軌道によって説明できることがわかったと思う．そのために Schrödiger の波動方程式の導出や Hückel 分子軌道法の計算過程など，通常の有機化学の範囲を超える記述をしてきたが，少しでもブラックボックス的な部分を減らそうという試みである．今後，分子軌道法やこれを基にしたフロンティア軌道理論を有機化学の理解を深めるための強力な武器として活用していただきたい．

参考図書

- 『マクマリー有機化学 第 8 版（上）（中）（下）』，伊東　椒，児玉　三明ほか訳　東京化学同人.
- 『パイン有機化学　第 5 版 [I] [II]』湯川泰秀，向山光昭監訳，廣川書店.
- 『基礎有機反応論』，橋本静信，村上幸人，加納航治共著，三共出版.
- 『現代化学概説』，柴田村治編著，共立出版.
- 『化学の原典 12　有機電子説』，日本化学会編，東京大学出版会.
- 『初等量子化学　第 2 版』，大岩正芳著，化学同人.
- 『フロンティア軌道法入門　有機化学への応用　I.』フレミング（福井謙一監修，竹内敬人，友田修司訳），講談社サイエンティフィク.
- 『軌道対称性の保存―ウッドワード・ホフマン則』伊東　椒，遠藤　勝　他　廣川書店.
- 『ウッドワード・ホフマン則を使うために』，井本　稔　著，化学同人.

索　引

あ 行

アセタール　51
アヌレン　123
アルドール縮合　56
アルドール反応　56
アリルアニオン　21
アリルカチオン　21
アリルラジカル　21

位　相　83
イミニウムイオン　53
イミン　53

永年方程式　82
エキソ型　97
エステル縮合　63
エステルの加水分解　60
エナミン　53
エノラートイオン　21
エンド型　97

オイラーの公式　88
オキシム　68
オキソニウムイオン　6
オクテット　5
オルト，パラ配向性　44

か 行

化学発光　112
可逆過程　51
拡張オクテット　10
重なり積分　81
過酸化物効果　37
活性化基　45
価電子　3,5
環状共役ポリエン　115

規格化条件　81
基底状態　83,112
軌道相関図　94,99
軌道対称性の保存　99
逆旋回転　108
逆（レトロ）アルドール反応　58
求核アシル置換反応　59
求核試薬　31
求核置換反応　33
求核付加反応　49

吸収スペクトル　94
求電子試薬　43
求電子付加反応　35
協奏環化付加反応　102,104
競争反応　66
協奏反応　102
共　鳴　15
共鳴エネルギー　43,92,115,118
共鳴構造　16
共鳴混成体　16
共鳴積分　81
極限構造式　16
均一結合開裂　26

クーロン積分　81
群　論　110

蛍光物質　112
形式電荷　5,6
ケクレ構造　20
ケタール　51
けん化　60
原子価殻拡張　10
原子価殻電子対反発　3

固体酸　67
混合アルドール縮合　58
混合アルドール反応　58
混成軌道　3

さ 行

最外殻電子　3
最高被占軌道　91
最低空軌道　91
鎖状共役ポリエン　85,115

ジエノフィル　95
シグマトロピー反応　102
シス-トランス異性化　84
脂肪族求核置換反応　31
シクロプロペニウムカチオン　121
シクロヘプタトリエニルカチオン　122
シクロペンタジエニルアニオン　121

生物発光　112
接触分解　67

遷移状態　97

相関線　101
相互作用　98

た 行

脱離反応　45

1,2-転位　65
転位反応　65
点　群　110
電子環状反応　102,108
電子供与体　25
電子受容体　25

同位体　60
同旋回転　108

な 行

6-ナイロン　68

は 行

反結合性軌道　84

非共有電子対　4
非交差の規則　101
非古典的カルボカチオン　72
ピナコール転位　65

不可逆過程　51
不活性化基　45
不均一結合開裂　26
α, β-不飽和アルデヒド　57
ブロモニウムイオン　38
フロンティア軌道　91
フロンティア軌道理論　94,95
分　極　18,30
分子軌道　76

閉殻構造　118,120
ヘミアセタール　51
ペリ環状反応　96
偏微分　81
変分法　81

芳香族求電子置換反応　43

芳香族性　115
ホスホニウムイリド　55

ま 行

曲がった矢印　18

メソ化合物　39
メタ配向性　45

や 行

有機電子論　18

ら 行

ラセミ体　32

立体化学　39
立体選択性　97
立体特異性　97
立体特異的反応　39

ルイス式　2

励起状態　84, 112

欧 文

π 分子軌道　80
π 電子系　76
π 電子系 Hückel 分子軌道法　80
σ 面対称　110
σ 面対称性　106
Alder 則　97
Beckmann 転位　65, 68
C_2 軸対称　110
Claisen 縮合　63
Curtius 転位　70
Diels-Alder 反応　76, 94
$E1$　46
$E1cB$　46
$E2$　46
Einstein-de Broglie の物質波の概念　77

Fischer 投影式　39
Fischer エステル化反応　59
Friedel-Crafts 反応　43
Grignard 試薬　50
Hofmann 転位　65, 70
Hofmann 脱離　47
Hofmann 配向　47
HOMO　83, 91
Hückel 則　115
Hückel 分子軌道法　76
Hund の規則　118
$-I$ 効果　45
LUMO　83, 91
Markovnikov 則　36
Pauli の排他則　83
Saytzeff 則　46
Schrödinger の波動方程式　2, 76
Wittig 反応　55
Woodward-Hoffmann 則　91, 108

著 者 略 歴

本吉谷 二郎（もとよしや じろう）

信州大学繊維学部 教授
化学・材料学科 応用分子化学コース（旧 化学・材料系 応用化学課程）

1952年北海道小樽市生まれ。長野県立上田高等学校を経て金沢大学理学部化学科入学。信州大学大学院繊維学研究科修士課程修了後，大阪大学大学院工学研究科博士後期課程に入学。博士課程在学中に中退し，信州大学繊維学部に奉職。1986年～1987年フンボルト財団研究員として旧西独 Erlangen-Nürnberg 大学の故 H.-J. Bestmann 教授のもとで研究に従事

専門：有機化学，有機光化学（特に化学発光）

電子の動きと分子軌道による
有機化学反応の解釈

2016年3月20日 初版第1刷発行

　　　　　　　　　　　　　　　　　　　Ⓒ 著 者　本吉谷二郎
　　　　　　　　　　　　　　　　　　　　発行者　秀島　　功
　　　　　　　　　　　　　　　　　　　　印刷者　沖田　啓了

発行者　**三共出版株式会社**
〒101-0051 東京都千代田区神田神保町3の2
振替 00110-9-1065
電話 03-3264-5711　FAX 03-3265-5149
http://www.sankyoshuppan.co.jp

一般社団法人 日本書籍出版協会・一般社団法人 自然科学書協会・工学書協会 会員

Printed in Japan　　　　　　　印刷・製本　太平印刷社

JCOPY 〈(社)出版者著作権管理機構 委託出版物〉
本書の無断複写は著作権法上での例外を除き禁じられています。複写される場合は，そのつど事前に，(社)出版者著作権管理機構（電話03-3513-6969，FAX 03-3513-6979，e-mail : info@jcopy.or.jp）の許諾を得てください。

ISBN978-4-7827-0743-2